U0894688

聪明孩子都在用的 超强记忆法

吴帝德 著

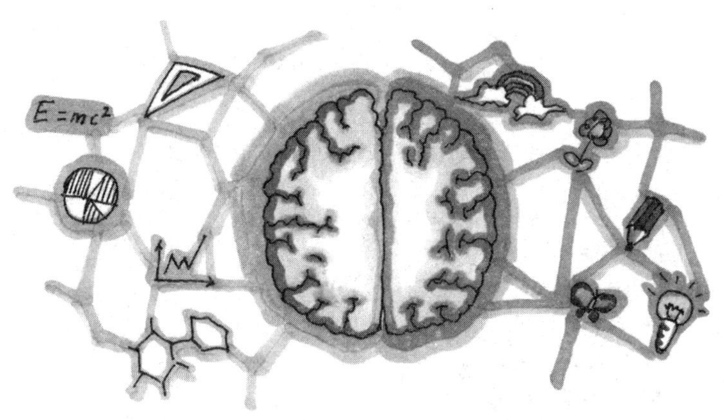

中国纺织出版社

内 容 提 要

面对大量需要记忆的枯燥知识，如果你还在用死记硬背的方法以求念念不忘，那就太OUT了！世界记忆大师吴帝德通过新奇的记忆体验和有趣的漫画，为你带来了超强的记忆方法：数字工具和记忆宫殿，无论是单词、诗词，还是历史事件、生活细节，只要通过发散思维、内容转化、动态夸张和连接想象四个步骤，就一定能轻松愉快地牢记下来。

图书在版编目（CIP）数据

聪明孩子都在用的超强记忆法／吴帝德著. —北京：中国纺织出版社，2019.1
ISBN 978-7-5180-5364-3

Ⅰ.①聪… Ⅱ.①吴… Ⅲ.①记忆术 Ⅳ.①B842.3

中国版本图书馆CIP数据核字（2018）第205740号

策划编辑：郝珊珊　　责任校对：楼旭红　　责任印制：储志伟

中国纺织出版社出版发行
地址：北京市朝阳区百子湾东里A407号楼　邮政编码：100124
销售电话：010—67004422　传真：010—87155801
http：//www.c-textilep.com
E-mail：faxing@c-textilep.com
中国纺织出版社天猫旗舰店
官方微博http：//weibo.com/2119887771
三河市延风印装有限公司印刷　各地新华书店经销
2019年1月第1版第1次印刷
开本：880×1230　1/32　印张：5.25
字数：65千字　定价：36.80元

序　言

在实际教学当中，经常有家长朋友问到这样的问题，比如“孩子进行记忆力训练，多久才能有效果？”“孩子已经进行了系统的学习，为什么成绩还是没有明显提高？”等。我们要知道，记忆力是一种能力，它和社交能力、演讲能力、动手能力、运动能力等一样，需要一个相对比较慢的培养过程。在我教过的绝大多数孩子当中，成绩基本要在一年以后才能达到突飞猛进的效果。有的同学五年级的时候进行了记忆方法的学习，直到初二养成了全脑思考、灵活记忆的思维模式，成绩才有了明显的进步；有的同学二年级就开始学习记忆方法，到了四年级，注意力才有了明显好转。

当然，记忆力的训练并不仅仅是为了应对考试，它还能改变我们的命运，电视节目“最强大脑”中参加挑战的选手们，无一不是通过记忆力的训练而成为别人眼中的天才。绝大多数经过记忆训练的学生都考取了国内甚至国外最优秀的大学。通过训练，让孩子从小养成了坚持、自信的可贵品质，正是这样的品质让他们在学习中持之以恒，勇往直前，敢于挑战。

记忆力训练是一件非常快乐的事情。不同于传统科目的课堂，在记忆力训练的课堂上，家长可以看到孩子们积极主动的学习状态，教室里不时传出爆笑声。轻松的课堂却不失纪律，每次课程即将结束的时候，孩子们总会发自内心地感慨时间过得太快，舍不得课程结束。孩子们为什么会喜欢这样的课堂？原因在于，记忆力训练需要调动的是想象力，当孩子发现将想象力用在原本枯燥的学习中时，学习就变成了一件有趣的事情，这可以从根本上改变他们厌学的情绪。

中小学阶段，记忆力和注意力尤其重要，两者相辅相成，全脑思维的训练为今后整个高中、大学阶段打下坚实的基础，只有养成了科学的思维方法，才能提高学习的效率。如果用时间来换算，假设一个人从小学二年级开始训练大脑，学习和背诵课文的时候用记忆技巧每天可以节约 5分钟，再加上全脑记忆的模式令人很难忘记记忆过的内容，这又为复习节约了不少时间，如此累积到考大学的时候，省出来的时间将是一笔宝贵的财富。

最后，无论你的孩子现在读几年级，翻开这本书，就意味着给了孩子一个升级大脑的机会，这好比给孩子播下一颗“最强大脑”的种子。只有在家长耐心的呵护下，种子才会生根发芽。希望每一位家长给练习记忆力的孩子多一点耐心，少一点急躁，多一点方法的引导，少一点斥责，你们的鼓励才是滋润种子的晨露，待到发芽开花之日，你和孩子都欢声笑语，从此再不会有学习的烦恼。

2018年7月

目　录

第一章

这样就一定记得住

大哲学家**培根**说“一切知识不过是记忆”，同学们，你们是否觉得自己的记忆力有待提高？你觉得自己的记忆力是属于好的一类还是属于不好的一类？如果我们背书能像电脑储存东西一样，永久地保存在硬盘里该多好。下面，我们通过几个不同类型的记忆忆挑战来尝试一下不一样的忆记体验，来一场前所未有的头脑风暴。

2分钟记20个词语

请在2分钟内按顺序记住下列20个词语。

筷子	狗	辣椒	语文书	书包
酱油	火箭	烟花	校服	星星
雨鞋	米饭	足球	薯片	灵魂
警察	皮鞋	口水	海洋	《唐诗三百首》

请回答 13 × 13=（　　）、102 ÷ 3=（　　）（这个问题是为了干扰你的记忆）。请按顺序默写刚才记忆的 20个词语。

1.________　2.________　3.________　4.________

5.________　6.________　7.________　8.________

9.________　10.________　11.________　12.________

13.________　14.________　15.________　16.________

17.________　18.________　19.________　20.________

顺序和词语都正确吗？低年级的同学相对来说死记硬背的能力更强，在这个阶段海马体占整个大脑的比重相对于成人时期更大，海马体在大脑中主要负责我们的临时信息——暂时记忆，但是随着大脑其他区域的发育，死记硬背的能力会随着年龄的增加而逐步减弱。

换个方式你能轻松记住　请仔细听下面这个故事，想象自己就是主人公，你需要做的就是把提到的名词转化成那个物品，然后使其清晰地浮现在你的脑海中即可。

拿一双筷子插到狗的鼻孔里，狗一个喷嚏喷出了一个辣椒，拿起语文书小心翼翼地把辣椒铲起来并合上书，再把书装到书包里，背着书包去打酱油，摇一摇酱油瓶，突然“嘭”的一声从瓶子里飞出来一支火箭，火箭飞到天空中“嘣”的一下爆炸变成了烟花，看到烟花的你高兴地脱下了校服拿在手上甩，校服里甩出很多漂亮的星星，把星星捡起来藏到自己穿的雨鞋里，抱着雨鞋回家，妈妈说该吃饭了，于是把米饭直接盛到了雨鞋里，吃了雨鞋里装的米饭后就出门去踢足球，足球飞在空中的时候爆炸，炸出了很多薯片，你捡起薯片吃，结果薯片有毒，你死了，灵魂出窍后飘在天上，来了个警察追你，他追不到你就脱了皮鞋扔向你，你飘在天上转过身向警察吐口水，口水太多变成了一片汪洋大海，你跳进海洋游泳，一边游泳一边读一本书，书的名字叫作《唐诗三百首》。

现在重新回忆这个故事，你一定能写出要求记忆的 20 个词语。如果这样你还是有漏写掉的词语，说明你的细节联想能力有待提高哦。现在让我们将其变成画面，加深一下印象吧。

给家长的建议　教学中常常有家长对我说：“我家孩子记忆力非常好，一首诗读两次就能记住了，记忆力没问题，但就是注意力不集中……”，这里要提醒家长朋友，孩子在小学阶段死记硬背的能力都很强，这是很正常也很普遍的现象，但是为什么到了初中以后会开始出现差距呢？这就不仅仅是学习态度的问题。小学阶段应该注重引导孩子全脑思考，培养孩子的图像感、空间想象力和细节想象力等。

这些国家的首都在哪里

请尽可能多地记住以下国家的名称和对应的首都。

国家	首都
柬埔寨	金边
老挝	万象
波兰	华沙
列支敦士登	瓦杜兹
保加利亚	索菲亚
黑山	波德戈里察
爱尔兰	都柏林
西班牙	马德里
埃及	开罗
新西兰	惠灵顿

请遮住上面的内容，填写下面国家所对应的首都：

新西兰 ________________

爱尔兰 ________________

波兰 __________________

列支敦士登 ___________________

保加利亚 _____________________

黑山 __________________

西班牙 ________________

老挝 __________________

柬埔寨 ________________

埃及 __________________

国家名称和首都能一一对应起来吗？这个记忆题目的难点在于，要把信息两两关联起来并且长时间记住，如果只是暂时地死记硬背，很容易在考试的时候答不上来，张冠李戴。

换个方式你能轻松记住　首先要明白，我们的大脑是无法记住无意义信息的，需要调动想象力把不认识的国家或者首都转换成我们熟悉的东西，即使对这个国家的名称很熟悉，也必须变成我们更熟悉的具体东西才行，用专业的话讲叫作“变抽象为形象”。比如日本你很熟悉，但我们还是需要进一步用富士山、相扑、哆啦A梦、柯南、东京铁塔、漫画书等来代替（转化的方法本书第2章将详细介绍），这样一来，我们记忆的信息形状就会固定，便于回忆。

国家	转化	首都	转化	联想过程
柬埔寨	山寨	金边	金色	山寨是金色的，闪闪发光
老挝	老太婆	万象	一万只大象	老太婆指挥一万只大象
波兰	菠菜	华沙	滑沙	踩着菠菜叶子在沙漠滑沙
列支敦士登	荔枝炖十吨	瓦杜兹	挖肚子	荔枝炖了十吨，看着却吃不了，站在一旁挖肚子
保加利亚	绑架你呀	索菲亚	苏菲亚公主	对着动画片苏菲亚公主说：“我要绑架你呀！”
黑山	黑色的山	波德戈里察	玻璃缸你擦	玻璃缸里有一座黑色的山，你必须擦干净

续表

国 家	转 化	首 都	转 化	联想过程
爱尔兰	爱心	都柏林	赌博了	赌博输了没钱给，比个爱心抵债
埃及	金字塔	开罗	开路	在金字塔的沙漠中开辟了一条道路
新西兰	西蓝花	惠灵顿	红绿灯	红绿灯里长出了西蓝花

记住了吗？这样经过具体的联想可以让两个记忆目标牢牢地挂钩，这样就不会张冠李戴了。具体怎样转化才最好呢？比如由美国可以想到自由女神、NBA球星、钢铁侠、奥斯卡，甚至美国总统，也可以用谐音的方式通过“美”字想到“煤”，方式多种多样，我们会在下一章进行详细介绍。

到底是谁先出场的

请在 90秒以内按顺序记住下列人物：

1.爱因斯坦　2.白雪公主　3.葫芦娃　4.猪猪侠

5.孙悟空　6.钢铁侠　7.李白　8.诸葛亮

9.光头强　10.李清照　11.马克思　12.貂蝉

13.王宝强　14.黑猫警长　15.小猪佩奇

遮住上面的内容，请按顺序写出刚才记忆的15个人物名称：

1.____________　2.____________　3.____________

4.____________　5.____________　6.____________

7.____________　8.____________　9.____________

10.____________　11.____________　12.____________

13.____________　14.____________　15.____________

在初、高中学习阶段很多知识点记忆起来比较困难，主要是因为信息的相似性，比如语文、地理、化学、历史等学科， 信息的相似性会造成记忆干扰，在回答刚才题目的时候你是不是觉得卡通人物回忆的时候更容易一些？历史人物却不太容易想起来？那是因为卡通人物通常比较夸张，比起真实人物其特征更为明显，再加上我们虽然对历史人物的名字熟悉，但并不清楚他们的具体长相和动作特征等，所以产生记忆模糊、混淆的现象。

换个方式你能轻松记住 那么，要如何记住相似度高的不同信息呢？那就需要抓取特征进行夸张的想象。在上面的题目中，我们可以进行这样的想象：爱因斯坦的爆炸头、白雪公主长长的连衣裙、葫芦娃七兄弟叽叽喳喳嚷个不停、猪猪侠的大鼻孔、孙悟空的金箍棒、钢铁侠脱掉盔甲；将李白夸张想象为穿白色长衫的仙人；还有诸葛亮的羽扇、光头强的光头；以及将李清照想象为镜子、马克思想象为骏马、貂蝉想象为化浓妆的女人、王宝强想象在哈哈大笑、黑猫警长的枪、小个头小猪佩奇在摆手。弄清这些特征以后，人物的区别就更加鲜明起来，然后可以进行这样的联想记忆：

爱因斯坦的爆炸头被缝到了白雪公主的连衣裙上，裙子

里跑出葫芦娃七兄弟叽叽喳喳叫个不停，他们围住猪猪侠，从猪猪侠鼻孔里抽出孙悟空的金箍棒，金箍棒飞到空中打中了正在飞行的钢铁侠，钢铁侠盔甲散落，掉出来一个人居然是李白，李白落在地上捡到了诸葛亮的羽扇，扇子扇飞了光头强的帽子，露出光头，光头强拿镜子照光头，镜子中看到了骏马，骏马上坐着化浓妆的貂蝉，貂蝉抱着王宝强，王宝强哈哈大笑，说：“我只是个宝宝”，然后奔出怀抱逃跑，黑猫警长掏出枪准备开枪，小猪佩奇挡住摆手说：“不要不要。”

当我们用想象力把人物特征进行加工，或者将想象的重心集中到某一个细小的具体物品上的时候，记忆会在我们大脑中保留更长的时间，背诵文科尤其需要这样的技巧。

休息休息，请画线把黑点按照轮廓画出来。

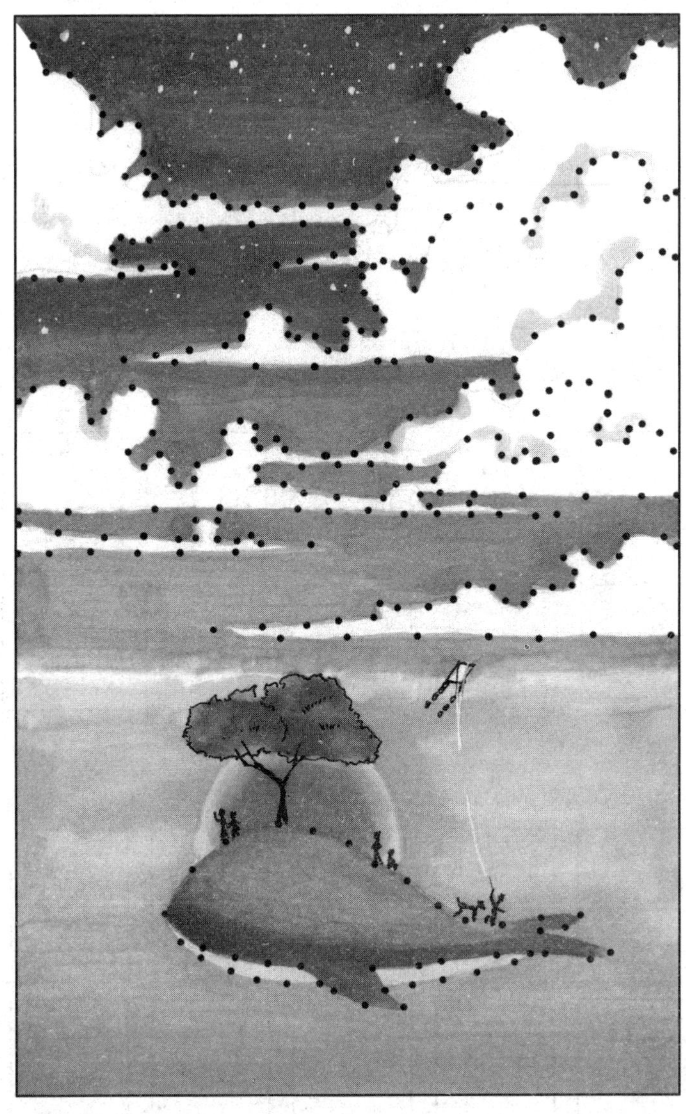

让人抓狂的抽象图形

请尽量记住下列图形对应的名称。

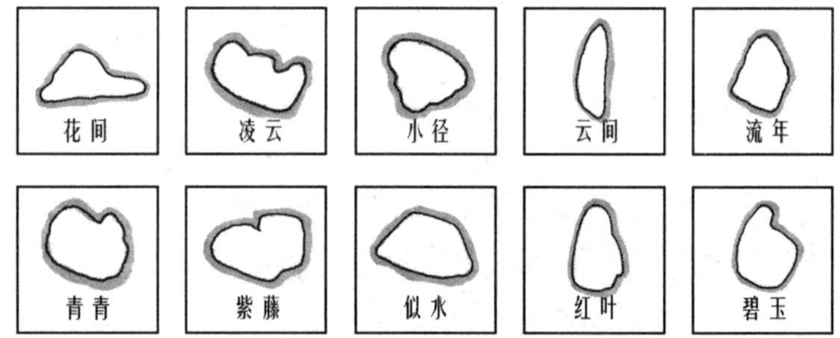

遮住上面的内容请回答下列图形的名称。

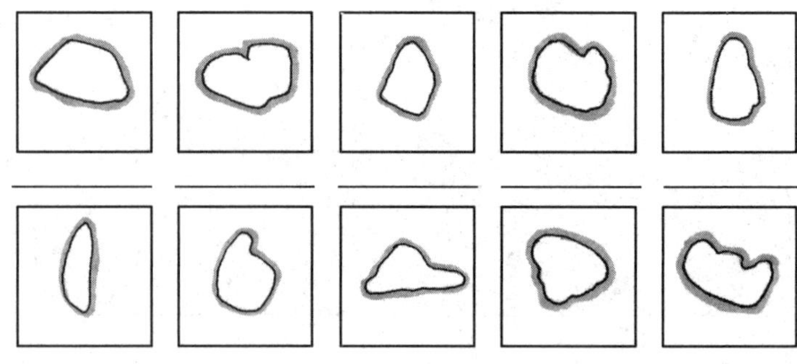

换个方式你能轻松记住　图形的记忆在初、高中地理课中非常实用，通常需要看到图形的轮廓来判断是哪个省，哪个国家，然后回答其气候和地理特征等。记地图的时候，我们可以将某个地区的轮廓或者这个区域某一个部分的轮廓看作熟悉的物品，然后与对应的名称联系起来。上面的图形我们可以如下表所示来记忆：

记忆图形	图形转换	联想
		蜗牛在花间爬行。
		金元宝扔到了发出铃声的云上。
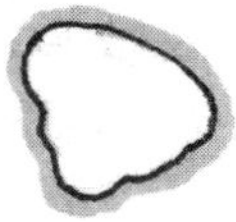	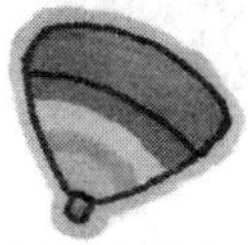	在小径上玩陀螺。
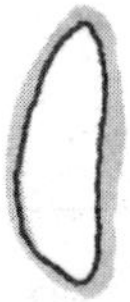	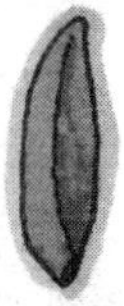	云间落下了很多香蕉。
		山上长了很多榴莲。

续表

记忆图形	图形转换	联想
		亲亲自己的手套。
		叠放的书上长出了紫藤。
		裙子摆动像水流。
		企鹅在看红叶。
		吹口哨吹出一块碧玉。

把抽象的图形转化成具体的物品是记忆图形的基本功，在世界脑力锦标赛中就有一项抽象图形记忆，它需要高度的想象力和快速的反应力。

可乐和气球分别多少钱

请在两分钟内记住下列物品的价格。

布偶	牛奶	飞刀	泡泡糖	可乐
60元	11元	64元	4元	13元
拖布	菜板	纸尿裤	草帽	玻璃
27元	18元	98元	22元	67元
滑板	苹果	气球	飞碟	巧克力
92元	1元	10元	73元	34元

遮住上面的内容，请填写下表中物品的价格。

飞碟	滑板	飞刀	纸尿裤	玻璃
草帽	巧克力	泡泡糖	拖布	可乐
牛奶	气球	苹果	布偶	菜板

换个方式你能轻松记住 记价格就是记数字，通过前面的挑战我们已经知道抽象的信息大脑不易识别，既然不易识别就更谈不上记忆，所以必须把抽象信息进行转化。数字是我们生活当中最常用的抽象符号，如果我们事先进行编码，那么记和数字相关的信息时就会变得非常容易了。当然，数字编码是记忆术中非常重要的内容，因此本书在后面的章节中会详细介绍。下面的数字基本是通过象形或者谐音的方式转化的，请先记住分别用了什么物品来代替，从而进行记忆。

60	11	64	4	13
榴莲（谐音）	筷子（象形）	螺丝（谐音）	小旗（象形）	衣裳（谐音）
27	18	98	22	67
耳机（谐音）	一把牙刷（谐音）	胶布（谐音）	耳环（象形）	楼梯（谐音）
92	1	10	73	34
球儿（谐音）	金箍棒（象形）	蛇（谐音）	鸡蛋（谐音）	扇子（谐音）

记住这些数字编码以后开动想象力，记忆就变得非常简单了（熟练运用数字编码工具以后，可以用于记忆各个学科，运用范围十分广，这里只是尝试体验想象的乐趣）。

联想：小熊体内长了榴莲

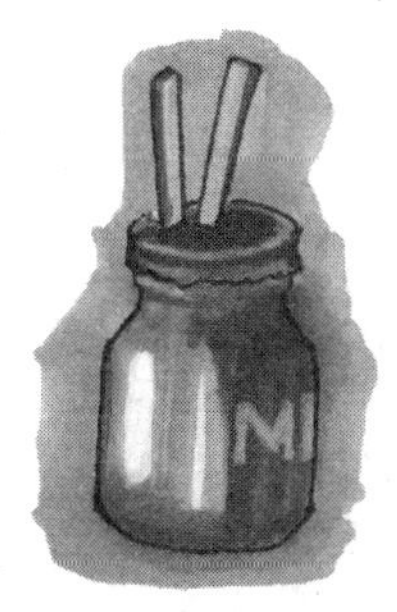

联想：筷子插进牛奶里

联想：螺丝钉在飞刀上

联想：小旗粘上了泡泡糖

联想：可乐瓶里塞了一件衣裳

联想：耳机线拴住拖布甩

联想：牙刷刷菜板

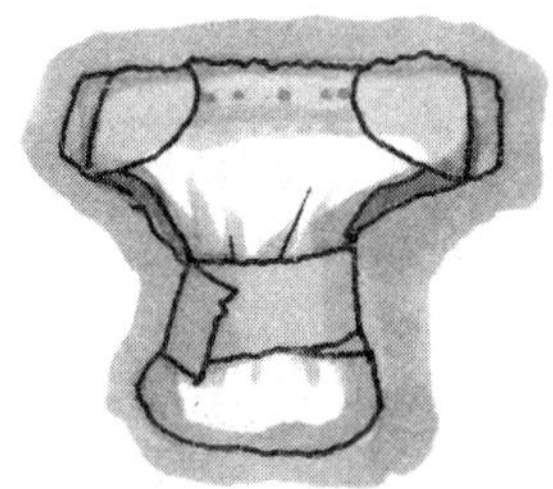
联想：胶布缠住纸尿裤

联想：草帽边缘挂满了耳环

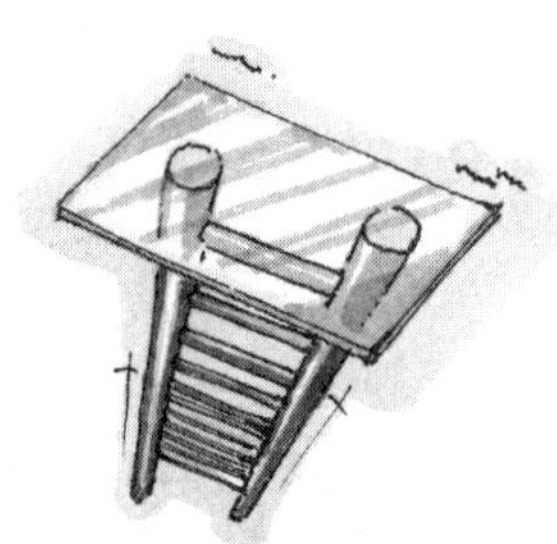
联想：玻璃放在楼梯上，摇摇欲坠

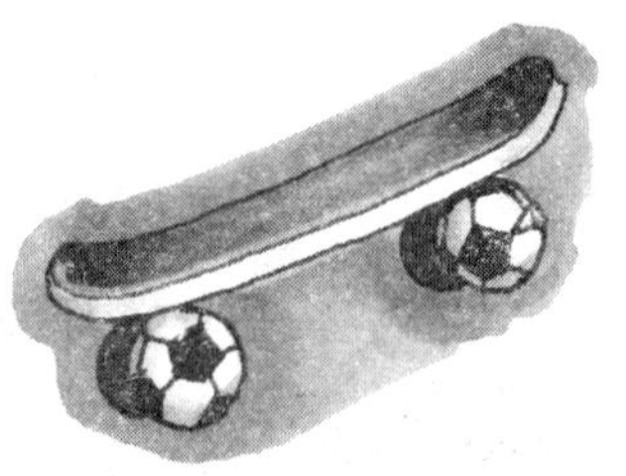
联想：用球儿做滑板轮子

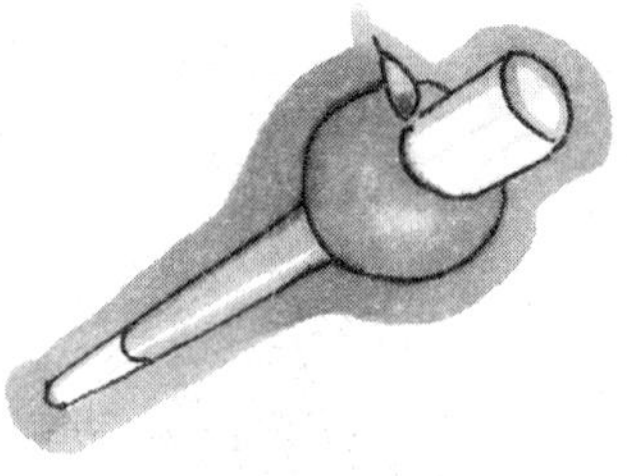
联想：金箍棒串起苹果

联想：蛇缠住了气球

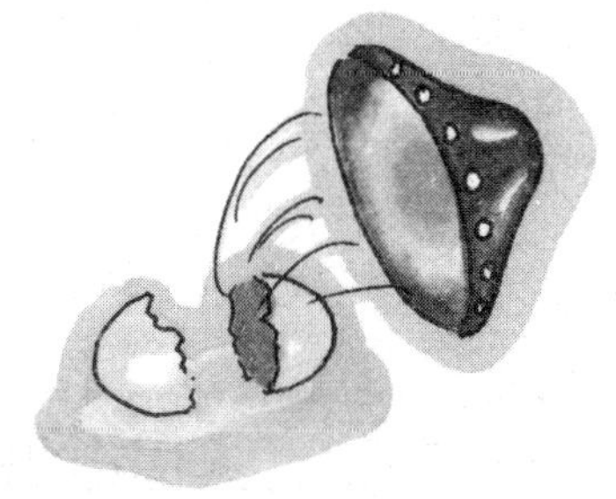

联想：飞碟从鸡蛋里蹦出来

联想：扇子把巧克力扇熔化了

20秒记忆战国七雄

请在20秒内记住战国七雄：

齐、楚、燕、韩、赵、魏、秦

遮住上面的内容，请回答问题：

昨天中午吃了什么菜？（记忆干扰项）

昨天爸爸穿的什么衣服？（记忆干扰项）

请写出爸爸和妈妈的电话号码：____________________（记忆干扰项）

战国七雄是：____________________________________

换个方式你能轻松记住　记忆材料可以用顺序重组和谐音的方式处理组合成有意思的话语，这样记忆会有超乎想象的效果，如果你认识不少明星，那么可以大声读出下面这句话：

喊赵薇出演齐秦

（韩 赵 魏 楚 燕 齐 秦）

最后秦统一六国，六国也是按这个顺序灭亡的。

记忆圆周率50位需要多久

记忆圆周率小数点后 50位，时间不限：

3.14159265358979323846264338327950288419716939937510

遮住上面的内容，请默写圆周率小数点后50位数字：

换个方式你能轻松记住 记忆无规律的数字是绝大多数人最头痛的事情，而在记忆力的训练中，记圆周率常常被当作注意力训练的手段。这里同样可以用谐音的方式把无意义的数字进行转化，变成一句话、一首诗或者一个故事来记住。

3.1415926：

山巅一寺一壶酒和肉

5358979：

我想我爸就吃酒

32384626：

想啊想，宝石揉啊揉

4338327：

死婶婶霸占耳机

95028841：

叫我领两把宝石椅

971693：

叫七姨捞旧扇

9937510：

舅舅想进屋咬你

谐音是记忆方法中经常用的手段，不但可以用来记数字，还可以用来记单词、文字，甚至诗词，谐音的具体运用方法下一章中会有详细的介绍。

面积前10位的国家有哪些

请记住下列国家面积大小的世界排行前10的排名顺序：

1. 俄罗斯　2. 加拿大　3. 中国　4. 美国

5. 巴西　6. 澳大利亚　7. 印度　8. 阿根廷

9. 哈萨克斯坦　10. 阿尔及利亚

遮住上面的内容，请按顺序填写面积大小世界排行前10的国家名称：

1.________________ 2.________________

3.________________ 4.________________

5.________________ 6.________________

7.________________ 8.________________

9.________________ 10.________________

换个方式你能轻松记住　在记忆某些知识点的时候，我们需要记住的是信息的顺序，比如排行、先后关系等，记忆这样的信息我们需要用到的是记忆方法中定位记忆的技巧，这里先介绍一个最简单的定位技巧让大家尝试一下新鲜的记忆体验。

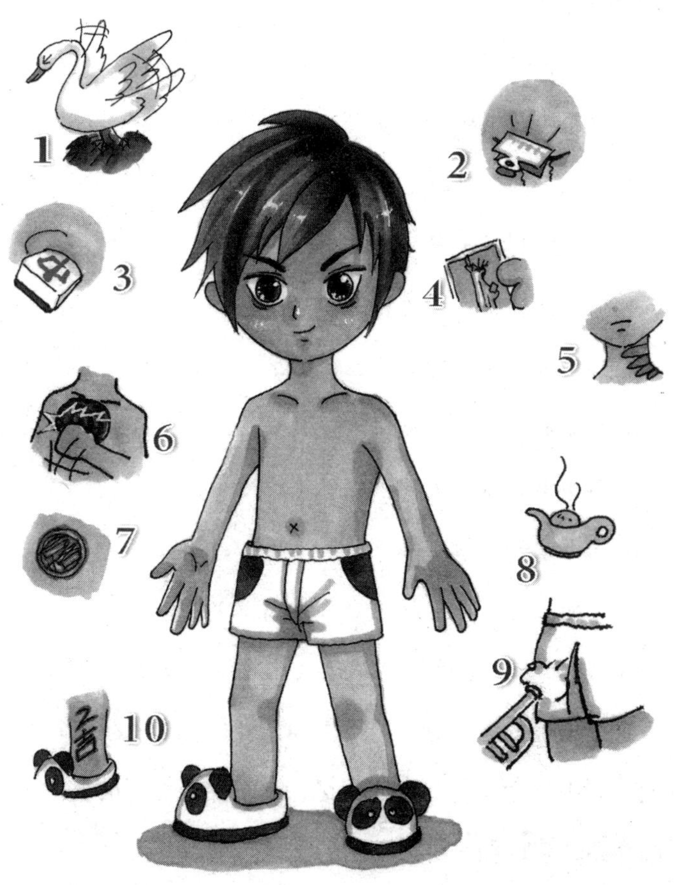

我们借助自己的身体，按从上到下的顺序自由地选出10个部位，这里我们选用头顶、眼睛、鼻子、嘴巴、脖子、胸部、肚脐、双手、大腿、双脚，只要记住这个顺序就能记住国家面积的排行啦。现在只需要开动你的想象力，去体会身临其境的感觉。

记忆联想过程如下：

1. 鹅在头顶上跳（俄罗斯）；

2. 用夹子夹住眼睫毛拔掉（加拿大）；

3. 麻将塞到鼻子里（中国）；

4. 嘴巴亲自由女神的相片（美国）；

5. 脖子被打了一巴掌（巴西）；

6. 胸口有碎的奥利奥饼干（澳大利亚）；

7. 用印章在肚脐上按下印记（印度）；

8. 手上拿着阿拉丁神灯（阿根廷）；

9. 大腿压弯了萨克斯（哈萨克斯坦）；

10. 脚上写了“2”和“吉”（阿尔及利亚）。

定位记忆的方法是一个庞大而专业的记忆系统，特别适合初、高中学生学科知识的记忆，本书会有专门的章节进行详细介绍，建议初、中以上的同学认真学习。

北美洲更大还是南美洲更大

请在 30秒内按顺序记住七大洲面积排行。

1. 亚洲　2. 非洲　3. 北美洲　4. 南美洲

5. 南极洲　6. 欧洲　7. 大洋洲

遮住上面的内容请回答问题：

请用机器人、辣椒、印度飞饼、充电、爆炸头等 5个词语造一个句子（记忆干扰项）。

____

七大洲按面积大小排行是：______________

____

换个方式你能轻松记住　记忆需要借助虚拟的工具，这里我们可以借助 7个人物来记忆七大洲的名称和排行顺序，

7个人物分别是：爷爷、奶奶 、爸爸、妈妈、孙悟空、牛魔王、七仙女。记住这7个人物的顺序以后，可以这样联想：

1. 爷爷在戴假牙（牙→亚→亚洲）；

2. 奶奶很肥胖（肥→非→非洲）；

3. 爸爸拿着一束白玫瑰（白玫→北美→北美洲）；

4. 妈妈在吃蓝莓（蓝莓→南美→南美洲）；

5. 孙悟空从垃圾箱里蹦出来（垃圾→南极→南极洲）；

6. 牛魔王的牛角上插了两根莲藕（藕→欧→欧洲）；

7. 七仙女托着太阳在天上飞（太阳→大洋→大洋洲）。

扫描四字成语

请在 6分钟内按顺序记住下面 20个成语。

画龙点睛	草船借箭	龙飞凤舞	金蝉脱壳	春暖花开
掌上明珠	狐假虎威	千军万马	愚公移山	卧薪尝胆
八仙过海	借刀杀人	金玉满堂	海底捞针	趁火打劫
闻鸡起舞	浑水摸鱼	顺手牵羊	天涯海角	万箭穿心

遮住上面的内容请默写这20个成语：

换个方式你能轻松记住 这是一道比较难的记忆挑战题目，不但要记住这些四字成语，最关键的是连它们的顺序也必须记住。在学习过程中，老师也经常要求学生把课堂上讲

过的试卷、题目连顺序也不变地全部背下来。那么如何才能像扫描仪一样把这些信息印在大脑当中呢？那就必须用到记忆术里最厉害的方法——记忆宫殿！

简而言之，记忆宫殿是运用方位感记东西的一种方法，它可以非常牢靠地记住所有内容，由于后面的章节中会进行详细地介绍，这里就不过多说明，直接用体验的方式来尝试记住上面的20个成语。现在不管你坐在哪里，请清晰地回想自己的家，想象你从进门到坐到沙发上依次看到的物品。现在假设它们的顺序如下：1.门；2.门垫；3.鞋柜；4.餐椅；5.餐桌；6.电视机；7.电视柜抽屉；8.茶几；9.沙发；10.背景墙，请熟记这个顺序。下一步把成语转化为画面，然后按顺序和上面的物品进行想象联系起来，一个物品联系两个成语，记忆如下：

1. 画龙点睛、草船借箭——门

联想：在门上画了只眼睛，打开门看到了一艘被很多箭射过的船。

2. 龙飞凤舞、金蝉脱壳——门垫

联想：门垫上印的龙凤图案活了过来飞到了天上，突然它们蜕了一层皮。

3. 春暖花开、掌上明珠——鞋柜

联想：打开鞋柜看到里面开满了花，花刚被放到手掌上就变成了硕大的夜明珠。

4. 狐假虎威、千军万马——餐椅

联想：餐椅上躺着一只披着虎皮的狐狸，突然冲出很多马撞翻了椅子。

5. 愚公移山、卧薪尝胆——餐桌

联想：餐桌上站了个老头在推山，推开山看到一个人卧着正在尝苦胆。

6. 八仙过海、借刀杀人——电视机

联想：电视机里正在播放八仙过海，一把刀飞到电视里的人脖子上。

7. 金玉满堂、海底捞针——电视柜抽屉

联想：拉开电视柜抽屉，里面喷出很多金条堆满了屋子，在金条中捞到了一根针。

8. 趁火打劫、闻鸡起舞——茶几

联想：茶几燃起了火，一只鸡在火里跳舞。

9. 浑水摸鱼、顺手牵羊——沙发

联想：沙发上全是鱼在挣扎，用手不停地摸，摸鱼的时候来了一只羊，顺手牵走了。

10. 天涯海角、万箭穿心——背景墙

联想：背景墙上挂了很多牛角，突然射来很多箭，射到了牛角上。

如果你认真联想了上面的画面，那么只要按照物品的顺序，就一定能说出要求记忆的20个成语，如果把顺序颠倒过来回忆，说不定还能倒背如流呢。

以上我们通过10个不同类型的记忆挑战，尝试了各种各样的记忆方法，如果要列举出所有的记忆方法，那你会不会觉得方法太多反而无从下手？请不要担心，记忆终究讲究的是“灵活”二字，只有灵活的运用和打开思路去记忆，才是最好的、最实用的记忆方法。通过接下来的一个章节的介绍我们将真正掌握这种灵活记忆的方法。

休息休息，发挥想象力，给光头大叔画一张脸。

第二章

超强记忆力养成计划

发现你的思考模式

进行大脑提升之前，我们简单了解一下大脑从而更有目的地去训练。首先，让我们通过几个小小的测试来了解一下你目前的大脑思维习惯。

1.双手十指相扣时，你是属于A型还是B型？

A. 右手大拇指在上

B. 左手大拇指在上

2.跷二郎腿时，你是属于A型还是B型？

A. 右脚在上

B. 左脚在上

3.你的笔记更像哪一种？

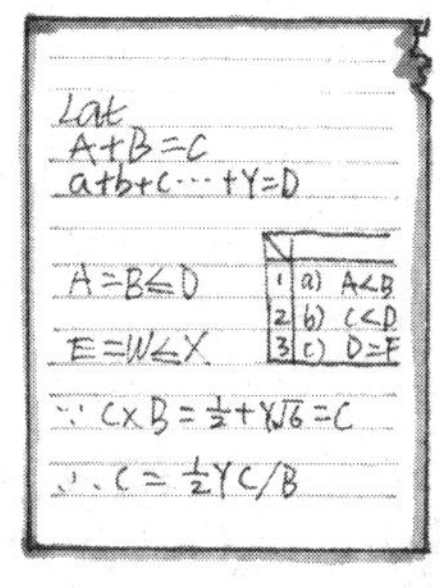

A

B

4.要去一个只去过一两次的地方，你更习惯哪种方式？

A. 查找地图确定详细路线

B. 跟随直觉找路

5.你在表达的时候属于哪种情况？

A. 仔细斟酌后说出来

B. 喜欢用很多手势

上面5个简单的测试，看看答案是A多还是B多呢？或是A、B一样多？简单地说，A多的同学说明你头脑思考的模式偏向于逻辑思维，善于推理，有做侦探的潜质！如果你的答案是B多，说明你偏向于图像思维，善于想象，说不定将来能成为艺术家！A、B一样多的同学就说明大脑思维模式比较平衡，但并不能说明这很优秀，所以千万不能骄傲哦！

什么叫逻辑思维？什么叫图像思维？我们通过下面的图来了解一下。

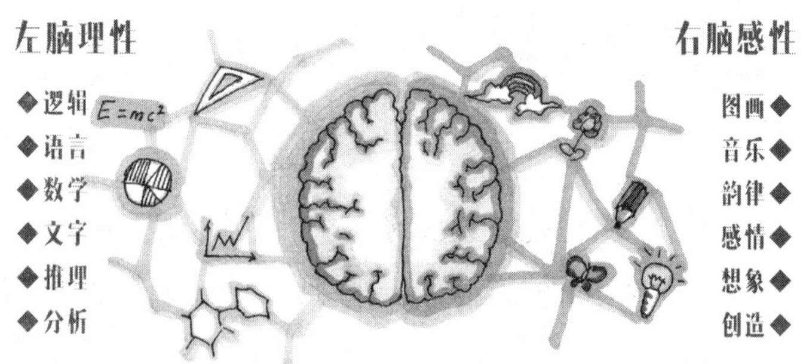

大脑的每个工作区域擅长的事情是不一样的，左右脑分工的现象是由美国科学家罗杰·斯佩里发现的，他的分裂脑实验获得了1981年的诺贝尔生理学与医学奖。关于逻辑思维，低年级的同学可以简单地理解为将事物关联、分析、判断、推理的能力。打个比方说，你回家进屋看见地上有被咬开并撒了一地的零食，你也许会想是不是屋里进了老鼠，于是为了验证你的判断，你又跑到别的屋子去看看有没有其他线索，这样的思考方式是逻辑思维。同时，逻辑思维也叫抽象思维。仔细想想，在我们学习的科目中，语文、数学、外语都是属于需要很强逻辑思维的学科，通过上面的插图我们知道，这都是左脑擅长的事情。

图像思维又叫作象性思维，它是我们想象有具体形状事物的能力，比方说上课的时候开小差想吃薯片，放学回家的路上一边走一边想昨天玩的游戏，看到一朵云觉得像只猫，看到绿色想到森林等，这些都属于图像思维。在学科当中，音乐、美术都属于偏重于图像思维的学科，这都是右脑擅长的事情。

那么怎样才能让我们的大脑更加高效的运作，在现在大脑思考习惯的基础上再提升呢？那就需要全脑开发——

左脑、右脑都需要锻炼。CCTV《开讲啦》栏目中有一期邀请了中国首批飞机设计工程师——程不时先生，当被问到如何培养青少年的创新能力时，程先生说："青少年一定要想办法开发右脑，全脑思维，这样我们的人生会打开很大的局面。"

给家长的建议 教学中有家长朋友说孩子的注意力不好，我认为，部分原因在于孩子的思考习惯问题上，国内的教学体制导致偏重语、数、外，而绘画、音乐等副科不被重视，从而导致一味地锻炼孩子的逻辑思维能力而忽视了图像思维能力，这样一来，孩子的想象力得不到发挥，作为一种发泄，他们便在课本上涂涂画画，画朵花，给杜甫画副眼镜，给李白画把宝剑等。所以，我们应该重视右脑的开发，引导全脑思考，不要偏科，当我们把逻辑思维和图像思维都用于学习的时候，孩子自然就做到了专注。在进入学校学习以前，大脑思考并没有偏重于任何一种方式，一旦进入学校就开始受到限制，但孩子并不懂得主动将想象力运用到学习中，因此小学阶段体现出注意力不易集中的现象。随着年级的增长，进入初中以后，有了自我克制力，注意力又会有所提高，但是思维模式已被固定下来，导致学习吃力，成绩无法提高。

综上所述，第一，低年级阶段注意力不好是普遍现象，家长不必过于担心，在孩子成长阶段应当注意，如果家里的环境较为凌乱，容易导致孩子今后注意力低下；第二，美术、音乐等看似和今后的升学考试分数不能挂钩的学科，恰恰是培养孩子右脑想象力的途径，家长朋友们应该把眼光放远，在学生阶段看似无用的学科会在孩子以后更长的人生阶段中，深远地影响着他们的想象力、创造力、思维力，这些都是在今后工作中必备的竞争力，只有具备全脑思考能力才能更高效地学习和工作。

第一步　发散思维

你有没有想过人是怎么产生想法，又是怎么思考问题的？科学研究表明，大脑的意识是一张巨大的网络，这个网络散落着我们从出生开始认识事物到现在的所有概念，这里可以理解为关键词，当我们遇到某个事物产生思考的时候，新的事物会进入意识的网络，并和之前的关键词发生联系，从而产生新的想法、判断、认知等，所以，发散思维是大脑思考的本质。

每个人除了外貌不同，性格和思想也不同，这才构成了社会上形形色色的人。“为什么他就是不理解我的想法呢？”“他为什么偏要这么做呢？”“那个坏人为什么会做这么多坏事？”“他为什么总是喜欢帮助别人？”其实都可以从大脑思考的角度来解释这些问题。

了解了人思考的本质以后，我们就知道，经历同样的事物，每个人的感受是不一样的，用“仁者见仁，智者见智”这句话来解释再好不过了。比如看到一只狗，有人想到骨头，有人想到狂犬病，有人想到小猫等。所以，每个人在处理同样记忆信息的时候，方法也是不一样的，作为记忆方法的传播者，好的教学应该是教同学如何发散，如何将信息转化，培养学生的转化能力和发散思维的习惯，而不是应该转化成什么。发散思维是空间拓宽性思维，是对问题进行多方位、多层次、多角度的思考方法。曾经有位心理学家要求被测试者用 6根火柴摆出4个三角形，许多测试者都无法完成，其原因是受到了平面限制，如果从立体的角度来考虑，这个问题就很容易解决了。

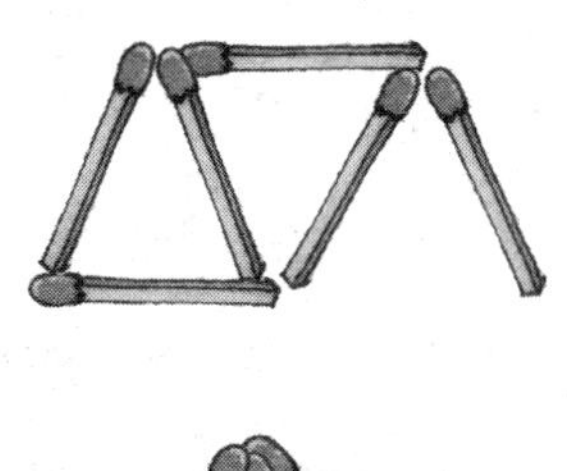

发散思维的实质就是要打破常规和定式，打破条条框框的限制，提供新思路、新思想、新概

念、新办法，它是记忆术中必须用到的基本功。

发散思维练习1

请完成下列词语接龙，每个词之间的思考时间在 5秒内，要求有直接性的关联，尽量避免同类事物不停循环。思维练习没有唯一答案，判断好坏的标准以时间为依据，用越短的时间完成就越优秀。

√例子：苹果→牛顿→科学家→机器人→电→闪电→雨→大海→鱼→食物→餐桌……（每个词之间的发散都有直接联系，只要反应迅速，都算优秀的答案。）

×例子：鱼→鲤鱼→金鱼→鲨鱼→鲫鱼→鲈鱼……（这样的类别可以一直循环，不能得到很好的发散思维训练效果，这样的答案不合格。）

× 例子：香蕉→黄色→绿色→红色→蓝色→紫色……（和上面一样，这样的答案也不格。）

练习：

黄金→矿石→锤子→　　→　　→　　→

→　　→　　→　　→　　→　　→

烧烤→ → → → → →
→ → → → → →

发散思维练习2

动动手，发动你的涂鸦能力，你能把下面的方形变成什么呢？

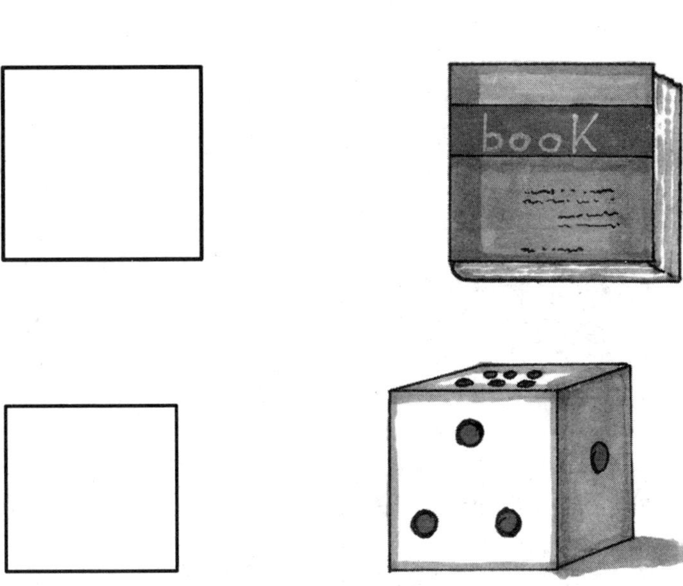

练习：（至少画4个）

发散思维练习 3

以下面九宫格中心的词为关键词进行发散，通过这个词，把你想到的词写在周边。

森林	昆虫	生命
蓝天	**树叶**	阳光
细胞	扇子	果实

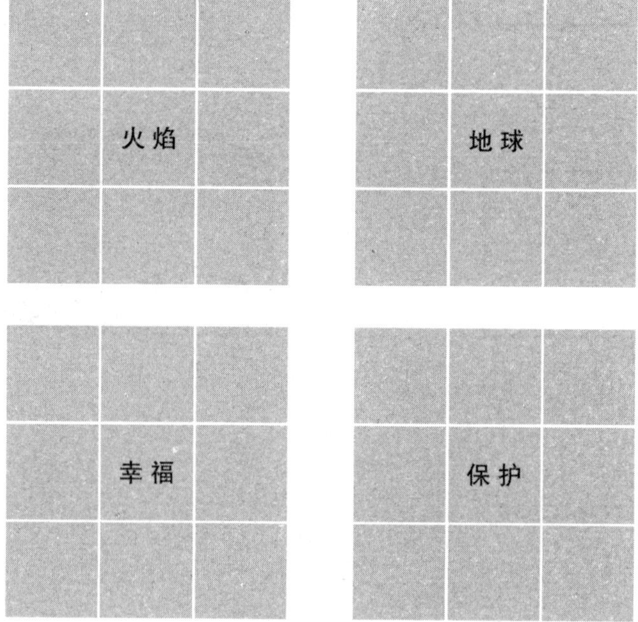

发散思维练习 4

参照练习 3，用思维导图的形式做无限发散练习，练习的时候需要注意：1.发散的结果不能是抽象词语（比如“石头”可以联想到“土地”钻石“房子”等，但不能是“坚硬”“沉重”“壮观”这样的词语，结果必须是在你大脑当中有一定形状的物品，“坚硬”这样的词没有固定形状，所以不行）；2.思维导图的发散是自由的，通过“石头”可以想到“土地”“钻石”“房子”等词，也可能只想到“土地”一个词，这完全取决于自己的想象力，想得多就多发散，想得少就少发散，每一个发散出来的词再进行同样的发散（思维导图可以参照我的《思维导图宝典：好用的导图大

全集》一书，绘制的时候请用线条表示自己的思路方向，把关键词或图画在线条上，不要写在或画在线条的旁边）；3.尽量用绘图、简笔画的形式来完成，这样可以更有效地锻炼大脑。

例子：从主题“花”进行发散，联想到的物品无穷无尽地涌出大脑。

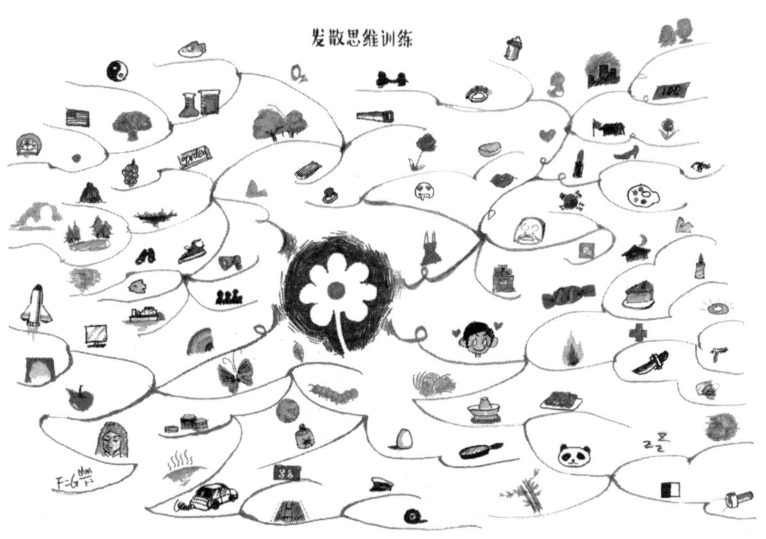

上图由“花”这个关键词分别想到了“山”“彩虹”“花痴”“衣服”，然后再在这4个分支上进行了分别发散。

练习：

从“茶壶”开始发散，尽量画满。

从“床”开始发散，尽量画满。

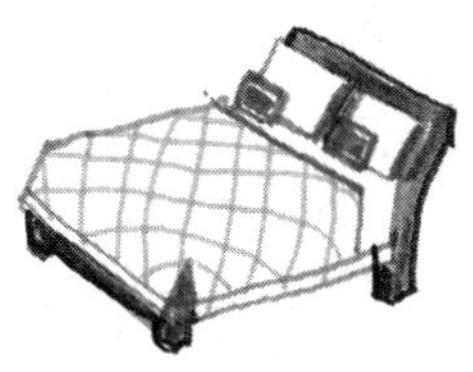

从“温泉”开始发散，尽量画满。

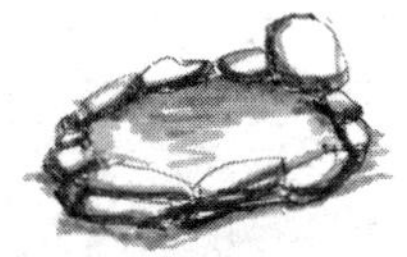

启动发散思维是全脑记忆的第一步，迈出这一步便敲响了高效记忆的大门，很多同学在拿到记忆材料的时候想半天也不能进行转化，而有的同学稍微动动脑子就能想到很多与它相关联的信息。每一位同学、家长都应该有耐心和信心，通过记忆力的训练，大脑蹦出其他想法的速度与频率都会越来越高。

第二步　内容转化

内容转化是全脑记忆步骤中非常重要的一步，如果转化得好，那么回忆起来就会非常快，记忆错误率低，会有很好的记忆效果，反之，转化得很牵强附会，那么即使记住了转化的信息，但是回忆的时候却不容易想起原来的内容。

什么叫转化？我们通过下面几个例子便会豁然开朗了。

例1　姓氏转化成具体的物品（发散思维）。

吴→五角星

李→李子

赵→照相机

例2　字母转化成具体的物品（象形转化+发散思维）。

A→金字塔

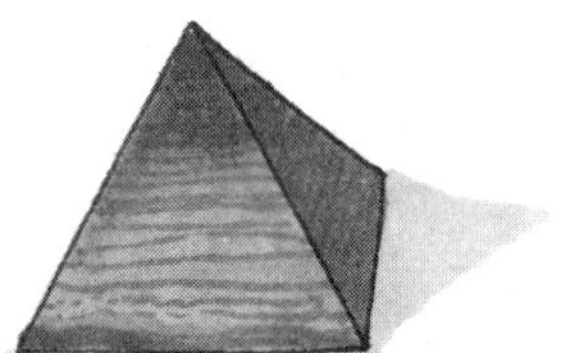

C→月亮

C

M→麦当劳

M

例3　数字转化成具体的物品（象形转化+发散思维）。

0→鸡蛋

0

4→小旗

4

7→镰刀

7

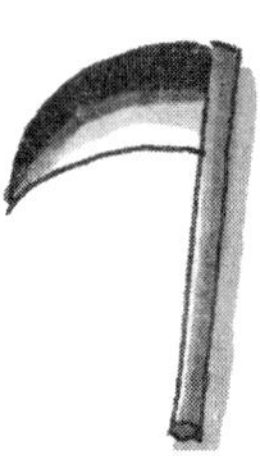

例 4　记忆英语单词（谐音转化）。

ambulance ['æmbjələns] 救护车

tongue [tʌŋ] 舌头

lunch [lʌntʃ] 午餐

custom ['kʌstəm] 海关

betray [bɪ'treɪ] 出卖

如何做到读一次就能记住上面的单词？记单词的重心是记住词义，我们把发音转化成下面的句子，然后用想象力联系场景就能马上记住了。

ambulance ['æmbjələns] 救护车→俺不能死

tongue [tʌŋ] 舌头→转化：烫

lunch [lʌntʃ] 午餐→转化：难吃

custom ['kʌstəm] 海关→转化：卡死他们

betray [bɪ'treɪ] 出卖→转化：悲催

例 5　记忆星期一到星期日 7个英语单词（谐音转化）。

Monday 星期一→转化：忙 day

Tuesday 星期二→转化：求死 day

Wednesday 星期三→转化：未死 day

Thursday 星期四→转化：受死 day

Friday 星期五→转化：福来 day

Saturday 星期六→转化：洒脱 day

Sunday 星期日→转化：伤 day

例 6　记忆国家名称（综合转化）。

澳大利亚→转化：奥利奥饼干

斐济→转化：飞机

巴布亚新几内亚→转化：爸不要心急，累呀！

印度→转化：印度飞饼

基里巴斯→转化：寄你宝石

例 7　记忆省份地图轮廓（图形转化）。

西藏→鲤鱼

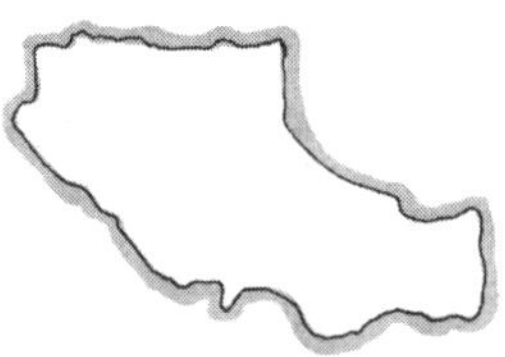
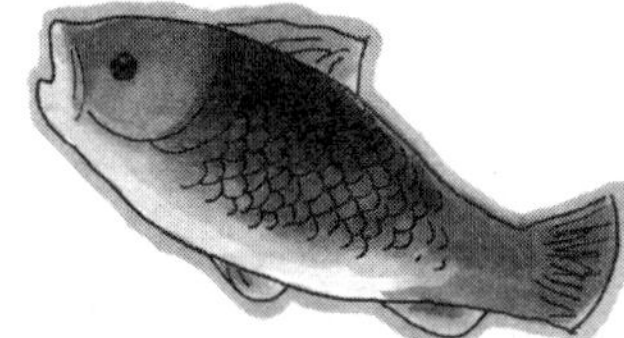

云南→孔雀

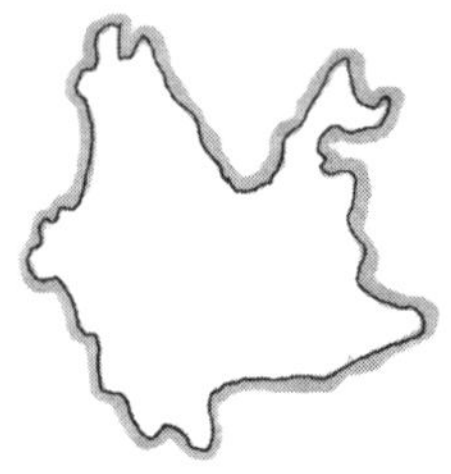

海南→菠萝

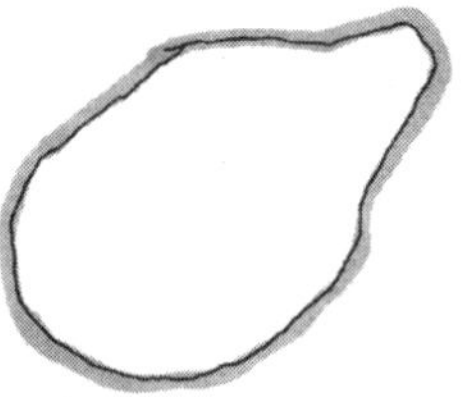

四川→蝴蝶

例8　记忆诗词（提取关键词）。

行路难·其一

[唐] 李 白

金樽清酒斗十千，玉盘珍羞直万钱。
停杯投箸不能食，拔剑四顾心茫然。
欲渡黄河冰塞川，将登太行雪满山。
闲来垂钓碧溪上，忽复乘舟梦日边。
行路难！行路难！多歧路，今安在？
长风破浪会有时，直挂云帆济沧海。

诗词的记忆是我们经常遇到的题目，如何准确记住又能长久不忘？那就需要在熟读的基础上提取关键词重点记忆，将关键词用想象力串联起来，这样一来就在原来“死记硬背”的基础上多了一道关键词的保险，回忆起来更容易。把关键词在头脑中清晰、细腻地呈现出来是记忆诗词的要点（本章重点讲转化，记忆联想过程将在下一章中进行介绍）。

通过上面的例子可以知道，“转化”就是指把记忆信息进行加工！为什么需要加工？举个例子，一个人说他姓蒋，另一个人说他姓吴，再来一个人说他姓李，又来一个人说他姓孙……这样一来我们很难一一记住各位的姓氏。前边我们提过，大脑不易识别抽象的信息，这里说的“蒋”“吴”“李”“孙”等姓氏都是抽象信息，可能别人刚说完名字我们转个圈就忘掉了，所以我们必须把抽象的信息进行加工。如果把“蒋”变成“奖状”，“吴”变成“五角星”，“李”变成“李子”，“孙”变成“孙悟空”，然后把转化后的信息和这个人的特征联系起来，那么我们就不会忘记了。所以，转化的目的，是把抽象的信息变成形象的事物，请牢记这一点！

所谓形象的事物也不是说非要有具体的形状不可，有时候可以是一个动作、一种感情，或是一种环境，总而言之，目的都是把不熟悉的信息转化成我们生活中特别熟悉的东西，具体方法我们可以在后面的练习中逐步体会。

给家长的建议　初学者和部分家长最容易产生以下几点误区，在这里逐一进行讲解，希望能解除各位的疑惑。

误区一：信息为什么需要转化呢？这不是很麻烦吗？

解答：能直接又快速记住的信息当然不需要转化，但那只是极少数，如小学阶段的课文、单词等。绝大多数信息靠死记硬背是记不住的，即使记住了也很快就会忘记，正是因为这样我们才需要进行记忆力的学习。转化是一种思维习惯，是灵活记忆的基本功，我们不需要将所有的信息都进行转化，但没有这样的转化的能力很难搞定初、高中海量的背诵难题。

误区二：转化会不会影响对原文的理解？

解答：不会，左右脑各自擅长的工作类型我们前面已经做过介绍，加入想象力只是让大脑更多的区域参与记忆，达到减缓遗忘的目的。想象力不会让人变成疯子，只会让大脑发挥真正的作用。

误区三：孩子花很长的时间也不能转化记忆内容，是方法不对吗？

解答：有的孩子稍加指点就能快速转化，有的则需要花一些耐心，这是从小到大的思维习惯造成的，如果孩子在 3 ~ 5 岁的时候家长曾经过于约束孩子探索性的行为，也有可能导致孩子思想封闭，给人不活跃的感觉。在训练的时候可以先从简单的入手，如果是背 10 个单词，不一定全部都要进行转化，根据自己的水平，从最简单的一两个开始尝试，逐渐就会越来越习惯转化的方式，速度也会越来越快。

了解了以上误区，那么现在我们来放飞想象力，通过练习来提高一下自己信息转化的能力。转化的方法有很多，最常用的有谐音、象形、关键词以及多种方法组合等。

练习 1

请把下面数字进行谐音转化。

500→我理你

510→我依你

520→我爱你

530 →

540 →

550 →

560 →

570 →

580 →

590 →

练习2

请把下面的形容词进行转化，注意一定要转化成具体有形状的事物。

芳香的→香水

雄伟的→泰山

坚硬的→石头

柔软的→

快速的→

悲伤的→

高兴的→

迟钝的→

敏捷的→

古典的→

坚强的→

难忘的→

练习3

请把清朝的年号进行转化，转化可以是多种方式，谐音、关键词等，一切灵活发散思维的调动方法（有的时候转化一次没有达到目的，那么可以进行二次转化）。

天命→甜蜜→棒棒糖

天聪→甜葱

顺治→笋子

康熙→

雍正→

乾隆→

嘉庆→

道光→

咸丰→

同治→

光绪→

宣统→

练习4

把诗人的名字和雅号进行转化。

李　白——青莲居士→酒壶——莲花

白居易——香山居士→白蚁——烧香的山

欧阳修——六一居士→海鸥——儿童

李清照——易安居士→

辛弃疾——稼轩居士→

王安石——半山居士→

蒲松龄——柳泉居士→

黄庭坚——山谷居士→

练习 5

动动手，把下列图形进行转化。

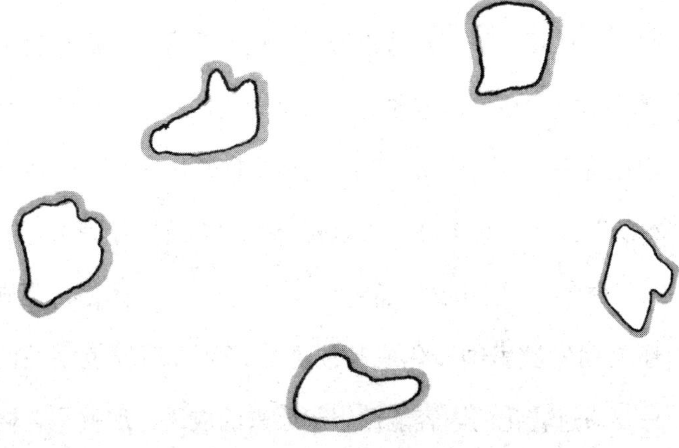

练习 6

把下面的成语转化成具体的事物或者画面。注意，如果这个成语你之前就知道或者听过，那么它相当于已经存在脑袋当中被记住了的信息，所以可以仅用一个字或者一个词就能起到提醒的作用，比如“草船借箭”，那么你可以把它转化成箭射向草船的画面，也可以转化成“草船”或是“箭”，在回忆的时候只需要想起“草船”或者“箭”，便能想起整个词语，这是一个非常重要的记忆技巧。只要听过，就说明它是已知信息，这时的记忆只是一种信息的重组而已，所以简简单单的一个字只要能起到提示作用，就是比较好的转化。

同时也需要注意的是，如果记的是和“马”相关的成语，如“千军万马”“万马奔腾”“猴年马月”，那么就不能全部转化成“马”，这样的转化会让我们一个也回忆不起来，应该注意词语之间的区别，如“千军万马”可以转化为“军队”，“万马奔腾”可以转化为“奔腾（品牌）电饭煲”，“猴年马月”则可以转化为“猴子”。具体是转化成画面还是用发散思维转化成其他物品，因人而异也因词而异，只要通过转化的内容能回想起原来的成语，那就是合格的转化。

如果是一个完全没听过的陌生词语，也完全不知道它的意思，那么就需要先反复读这个词，让耳朵记住这个词的音律组合，然后再望文生义，或者用取关键词的方法来进行转化。比如“相濡以沫”这个词，同学们可以先反复读，然后转化成“象棋”“泡沫”都可以，不断地尝试才能掌握转化的精髓，这也是记忆力训练最难的一关。

绿水青山→（几乎不用转换）绿色的水和青色的山

走马观花→观花

坐井观天→一口井

贪生怕死→一个贪官肥胖的嘴脸

诗情画意→

张三李四→

鸟语花香→

五花八门→

目中无人→

天罗地网→

百发百中→

心灰意冷→

狗急跳墙→

一五一十→

顶天立地→

自强不息→

过眼云烟→

欣欣向荣→

天寒地冻→

千家万户→

练习 7

拼读下面的单词，用谐音进行转化。

eagle ['i:gl] 鹰→衣钩

fever['fi:və] 发烧→飞吻

foolish ['fu:lɪʃ] 愚蠢的→付利息

grape [greɪp] 葡萄→

greedy ['gri:di] 贪婪→

hatch [hætʃ] 孵化→

hire ['haɪə] 租用→

inform [ɪn'fɔ:m] 通知→

jungle ['dʒʌŋgl] 丛林→

labour ['leɪbə] 劳动→

noodle ['nu:dl] 面条→

pea [pi:] 豌豆→

练习 8

观察下面单词字母的组合，可以用拼音、词根、拼音首字母、象形等手段进行转化。单词的拆分练习属于有一定难度的转化，多尝试，多思考，所谓磨刀不误砍柴工，习惯这样的方式以后，再遇到特别难、特别长的单词就不会记不住了，刚开始练习的时候即使花较长时间才能转化也没有关系，随着练习的深入，转化所花的时间会越来越少，单词记住以后也很难忘记。

shell [ʃel] 贝壳→she她+ll筷子

chess [tʃes] 国际象棋→che车+ss两条蛇

bear [beə] 熊→b数字6+ear耳朵

human ['hju:mən] 人类→hu胡萝卜+man馒头

change [tʃeɪndʒ] 零钱→

chef [ʃef] 大厨→

guide [gaɪd] 导游→

cold [kəʊld] 寒冷→

floor [flɔ:] 地板→

zoo [zu:] 动物园→

wall [wɔ:l] 墙→

camp [kæmp] 野营→

scan [skæn] 扫描→

pill [pɪl] 药片→

data ['deɪtə] 数据→

练习9 （适合4年级以上同学）

将下列诗词每一小句的第一个字提取出来，然后想办法通过谐音、断句的方式把它们变成有意义的一句话。在背诵古诗的时候，把首字母提取出来转化成一句话，然后把这句话读熟甚至记下来，这句话就成了这首诗的“钥匙”，在背完某一句想不起下一句的时候，只要记住了转化后的这句话，那么就能想起对应诗词开头的字了，能起到很好的提示作用。

应小春一→营销衬衣

《游园不值》

[宋] 叶绍翁

应怜屐齿印苍苔，

小扣柴扉久不开。

春色满园关不住，

一枝红杏出墙来。

向驱夕只→想去写字

《乐游原》

[唐] 李商隐

向晚意不适，

驱车登古原。

夕阳无限好，

只是近黄昏。

清路借牧→

《清明》

[唐]杜牧

清明时节雨纷纷，
路上行人欲断魂。
借问酒家何处有？
牧童遥指杏花村。

好当随润野江晓花→

《春夜喜雨》

[唐]杜甫

好雨知时节，当春乃发生。
随风潜入夜，润物细无声。
野径云俱黑，江船火独明。
晓看红湿处，花重锦官城。

丞锦映隔三两出长→

《蜀相》

[唐]杜甫

丞相祠堂何处寻，锦官城外柏森森。
映阶碧草自春色，隔叶黄鹂空好音。
三顾频烦天下计，两朝开济老臣心。
出师未捷身先死，长使英雄泪满襟。

练习10　（适合4年级以上的同学）

将下列材料中标点符号隔开的相邻的两个词提取出来作为关键词，然后把两个关键词进行转化。这是学习过程中非常实用的记忆方法，往往我们背诵时并不是全篇想不起来，只是有那么一两句话记不住，或者记住了上句想不起下句。这时，如果把记得不熟的句子前后的关键词提取出来转化并加以联系，就能很好地解决问题。下面的句子中，比如背完第一句“匈奴草黄马正肥”就是想不起来下句的时候，我们把句末的“肥”字想象成“肥肉”，下一句的“金山”想象成金色的山，联想“有很多肥肉藏在了金山里”，这样一来，我们背到“肥”字就马上想起了“金山”，自然就想起下一句了。一篇诗词我们不一定要全部都用这样的方法来记忆，但我们可以针对特别难记住的几句使用。

匈奴草黄马正肥，金山西见烟尘飞，汉家大将西出师。将军金甲夜不脱，半夜军行戈相拨，风头如刀面如割。

——摘自《走马川行奉送出师西征》（岑参）

转化：肥→肥肉——金山→金色的山

飞→飞翔——汉→汗

出师→厨师——将军→将军

脱→脱衣服——半夜→半夜

拨→搏斗——风→风

红的像火，粉的像霞，白的像雪。花里带着甜味；闭了眼，树上仿佛已经满是桃儿，杏儿，梨儿。花下成千成百的蜜蜂嗡嗡的闹着，大小的蝴蝶飞来飞去。

——摘自《春》（朱自清）

转化：____

____

普罗米修斯这个人类伟大的朋友，这个曾经把火带给人类、使人类脱离了苦海、教会了人类怎么生活的伟大英雄，如今却身缠铁链被拴在崖上。狂风终日在他身边呼啸；冰雹敲打着他的面庞；凶猛的大鹰在他耳边尖叫，用无情的利爪撕裂他的肌体。普罗米修斯忍受了这一切苦痛而从不哼一声，绝不乞求仁慈，绝不对自己做过的事说一句懊悔的话。

——摘自《普罗米修斯》

转化：____

____

《雁门太守行》

[唐]李贺

黑云压城城欲摧，甲光向日金鳞开。

角声满天秋色里，塞上燕脂凝夜紫。

半卷红旗临易水，霜重鼓寒声不起。

报君黄金台上意，提携玉龙为君死。

转化：____

____

转化没有统一的答案，根据自己的知识构架每个人的答案都可能不一样，那么什么样的转化才算合格呢？只要我们在回忆的时候通过转化的事物又能还原原本的内容，那就是合格的转化，比如按顺序记“热爱祖国、服务人民、崇尚科学……”的时候，有个同学抓取的关键词“祖国”（转化为“天安门”）、“人民”（转化为“很多人”）、“科学”（转化为“科学家”），他的记忆画面是：“在天安门上看到很多人，人群中有一个科学家……”通过这个画面，他回忆起 三个关键词，通过关键词又写出了原文，这就是合格的转化。当然，也有的同学即使记住了“祖国”“人民”“科学”这 三个词，但也未必能默写出“热爱”“服务”“崇尚”等词，那么这样的同学就需要加深词语之间的联系，可以通过多读用声音刺激来达到记忆的目的，也可以在脑海中想象，将这三个动词化作某个具体的动作来记忆。总而言之，记忆的方法是灵活的，可以是各种方法穿插结合的，同一个记忆材料可能同时用了几种记忆技巧。那么左右脑的平衡是逻辑思维用得多还是图像思维用得多，这完全取决于记忆的内容，有的需要在理解、读熟的基础上记忆，有的可以直接记关键词。要想灵活地运用全脑思维来记忆，需要同学们在记忆的实践过程中不断总结经验。

第三步 动态夸张

当我们懂得把需要记忆的内容通过想象力转化以后，这样就记得住了吗？是的，比原来死记硬背的方式效率高很多，但要想百分百全记住，还需要懂得“动态”和“夸张”。

我们先来对比下面三组句子：

A.狗在床边；

B.狗在窗边不停地蹭。

A.一个忍者死了；

B.一个忍者倒地大叫：“啊！！！”然后死了。

A.手机在桌上；

B.手机从桌上滑了下来。

对比下面三组图片：

B

C

通过插图我们知道，虽然插图不能完全表达出动态的画面，但我们可以感觉到，仅仅是加了几根线条，画面就变得更加生动了，这正是因为线条让画面产生了动感，看起来更像动画！上面的句子也是一样，多了一个动词以后我们的印象就更深刻了。原因在于，我们的大脑更喜欢“动”的事物，那是因为人类在进化的过程中必须关注运动的物体，抓不到兔子就会饿死，躲不开野兽就会被吃掉，记忆也是如此，大脑天生喜欢动的事物。这一章节里，我们要做的就是让“死”的文字变得活灵活现，通过想象力让知识“动”起来。

弄明白“动态”之后，我们还需要了解“夸张”。试想，你还记得上周一的事情吗？地理知识、语文常识、英语单词是不是经常混淆呢？那是因为各种信息之间的相互干扰容易让我们张冠李戴。要解决信息之间的相互干扰问题，我们就要把每一个信息的特征牢牢地抓住，为了拉大各个信息之间的区别，就需要夸张，这就要求我们具备天马行空的想象力。现在，让我们通过练习来掌握“动态”和“夸张”的诀窍。

练习1

动动手发挥你涂鸦的能力，你想在盘子里装什么？请画出来。

练习 2

你没看错，这是一幅你非常熟悉的画，你在学校的课堂上乱涂乱画过吗？在这里，请忘记是在上课和学习，充分发挥想象力来大干一场吧！

练习 3

设计几款奇葩又吸睛的气球。

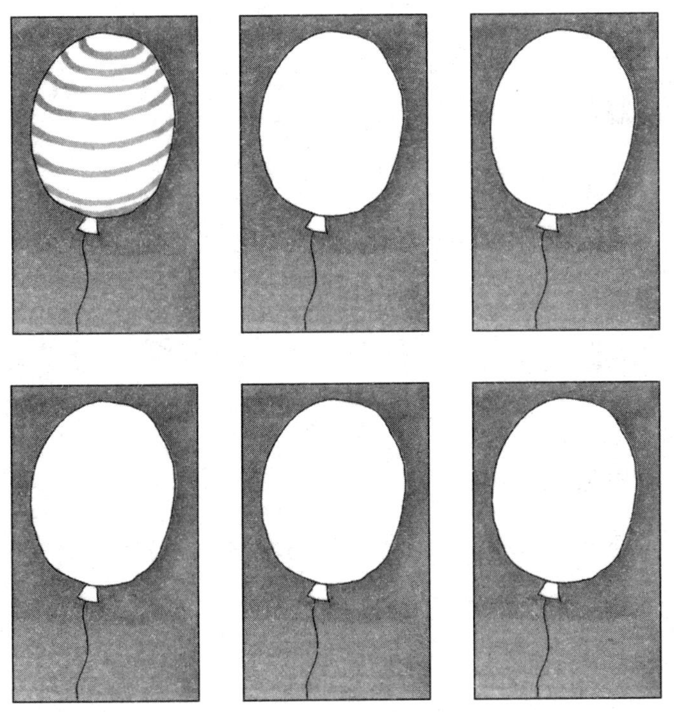

练习4

赋予下面物品一些动作，这个动作最好包含这个物品的特征（这个物品和其他物品比起来做这个动作更容易被联想到），可以多写几个。

飞船→转动、射出光线

石头→石头落下、石头雨、裂开

手绢→打结、摩擦、包裹

笔→

杯子→

尺子→

巧克力→

水→

蚯蚓→

熊→

棉花糖→

耳环→

火焰→

辣椒→

练习 5

发挥你的想象力，把画面补充完整。

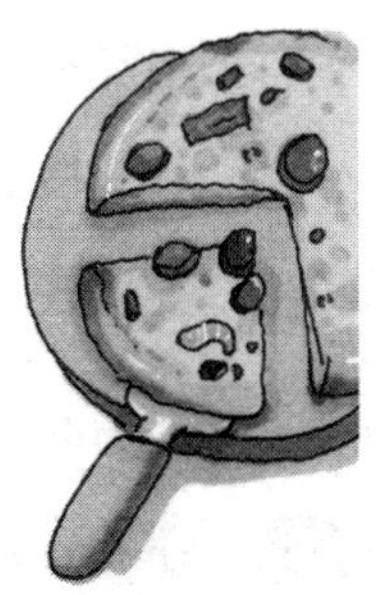

练习6

要做到“夸张”的效果，就需要抓取物品的特征，将特征放大，但不是胡乱夸张。比如大象的特征有：体型大、鼻子长、象牙等，那么我们只要抓住这三个特点的其中一个进行夸张，就能起到很好的效果。比如抓住大象“鼻子长”这一点，可以想象鼻子吸力特别大，可以吸走任何东西，像个超级吸尘器；鼻子像个滑梯，可以在上面像在水上乐园一样转了很大一圈才滑下来；甚至可以想象鼻子是个高射炮，我们钻到里边，大象用力一喷，我们被发射出去了。这都是抓住特征的夸张想象。我们可以试想，如果不对特征进行夸张，在记忆的时候，比如做“足球”的想象连接，和“老虎”连接时我们想的是“老虎吃了足球”，和“狗”连接时想的也是狗吃了足球，和熊连接时还是想熊吃了足球，这样一来到底是谁吃了足球？很容易混淆。这是因为狗的特征并不是吃，改成摇尾巴更好；熊的特征也不是吃，改成抱更好，我们不是经常说“熊抱”这个词吗？现在利用这个技巧进行下面的练习：

老鼠→特征：钻→夸张：到处钻

牛→特征：牛角→夸张：把东西顶起来

老虎→特征：扑→夸张：扑上去就不放

兔子→

龙→

蛇→

马→

羊→

猴子→

鸡→

狗→

猪→

练习7

有的东西虽然已经是具体的实物，我们也很熟悉，但如果不加以发散和夸张进一步转化的话，记忆效果同样不好。试一试你能按顺序记住下列水果吗?

苹果、梨、香蕉、葡萄、哈密瓜、火龙果、菠萝、草莓、荔枝、橘子、榴莲、猕猴桃、樱桃、山竹、柿子、石榴

是不是非常难记？虽然每个水果我们都很熟悉，但是特征不明显，不进行转化和夸张的话很容易混淆。我们可以尝试把石榴转化成子弹，这就有了石榴籽的特征；把香蕉转化

成香蕉皮滑倒；榴莲腐臭冒烟，苹果转化成大科学家牛顿。这样一来，我们直接记子弹、滑倒、冒烟、牛顿，是不是好记多了呢？请继续对下列水果进行转化：

梨→

葡萄→

哈密瓜→

火龙果→

菠萝→

草莓→

荔枝→

橘子→

猕猴桃→

樱桃→

山竹→

柿子→

夸张还可以从数量、大小上下手，比如对比“一只蚊子”和“一群蚊子”，“一根金条”和“漫山遍野的金条”，“一只螃蟹在脚下爬过”和“螃蟹的海洋在脚下涌过”，是不是数量能带来更大的刺激？所以，记忆力的学习千万不能有固定思维。打开思路，奇思妙想会给我们带来无比快乐的学习体验。

练习 8

把树叶画满甲虫。

把面包画满刺。

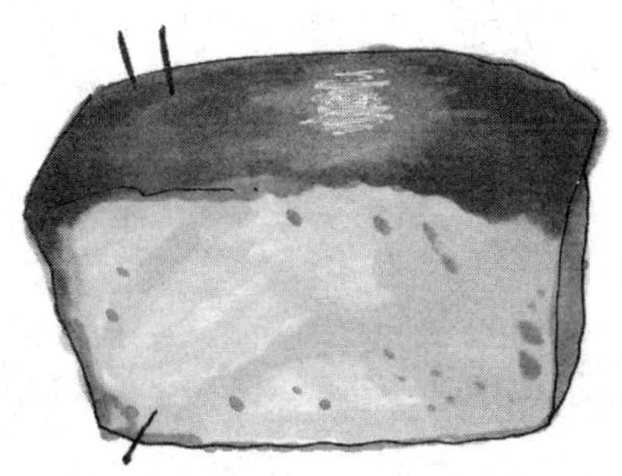

把脚下画满虫。

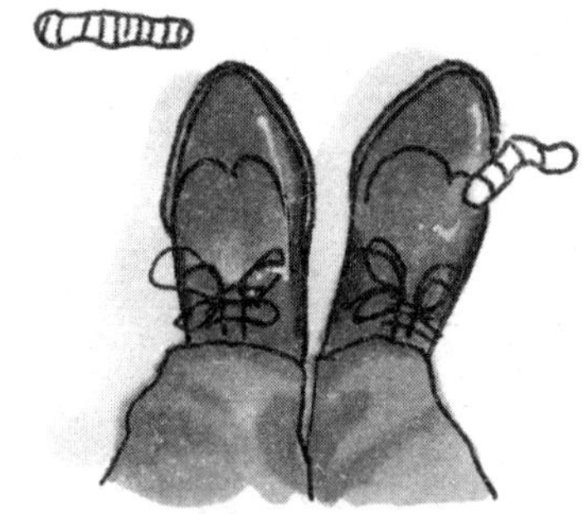

第四步　连接想象

什么是连接想象呢？连接想象是记忆的最后一个步骤，简单地说，将要记的内容用想象力联系起来，就叫连接想象。比如：三十六计第 二十一计“金蝉脱壳”，“二十一”用数字表示为“21”，是数字工具“鳄鱼”（谐音，数字工具下一章重点讲解），于是想象鳄鱼爬行的时候蜕了一层金色的皮；第十计“笑里藏刀”，“10”（十）是“蛇”（谐音），想象一条蛇在对自己笑的时候突然吐了一把飞刀出来。按这样的方法我们就能把三十六计全部记完，说到 “21”就想到“鳄鱼”，自然联想到“金蝉脱壳”，反过来说到“笑里藏刀”也就能想到“蛇”，很快地想到是第十计。像这样把记忆内容相互或是和记忆工具（数字工具和记忆宫殿，将在后面章节中详细介绍）联系起来的过程，就叫作连接。

按记忆的步骤来说，看到材料先进行发散思维，然后转化成具体的物品，最后用动态和夸张的方式连接，连接是记忆的最后一步，请务必记住连接的时候一定要注意动态和夸张。

进行练习之前我们先来做以下几个想象力的训练，请特别注意细节：

1. 想象浴缸里装满了辣椒油，双手捧着辣椒油慢慢淋身体。

2. 想象用锋利的刀刮掉了喜羊羊厚厚的毛。

3. 想象白雪公主喂你吃披萨，咬了一口后，披萨被拿开，拉出了很多芝士丝。

4. 想象数学老师被绑在椅子上，你用羽毛挠他的脚丫子。

同学们，在做上面的想象力练习时，你有身临其境的感觉吗？看到了红红的辣椒油、喜羊羊粉嫩的皮肤、披萨上香喷喷的芝士和数学老师袜子的颜色了吗？是不是视觉、听觉、嗅觉、触觉等各个感官都有比较细腻的体会？如果是，那么说明你有很清晰的图像想象能力，认真练习，你一定能成为记忆达人。

练习 1

将下列物品进行连接，请注意，尽量不要加入多余的元素，仅将给出的物品进行连接。

足球——针→足球上插了很多针变成仙人球。

铁板——筷子→用大力神功把筷子插进了铁板。

键盘——巧克力→用巧克力做的键盘打字，饿了就可以吃。

酸奶——纸巾→

Ipad——炒菜锅→

汽车——蹦床→

毛线——保险柜→

宝剑——泡泡糖→

抽屉——泥巴→

可乐——游泳圈→

拖鞋——小鸟→

面条——衣服→

章鱼——气球→

超人——衣架→

毛笔——弓箭→

练习2

请参照第一章“这样就一定记得住”的挑战1，把下列词语编成一个故事串联起来，注意不能打乱顺序。

青椒、大海、鲤鱼、皮带、大鹏、碳、蛋、羊、斧子、奶、蜡烛、美国、绿巨人、乌龟、铃铛

你的故事：________________________________

____

通过你的故事，请尝试回忆刚才记过的所有物品。如果能记住，那么恭喜你！你记的是高中才学习的化学元素周期表哦，只是这里已经是被转化好的内容。现在通过谐音记忆我们来还原它们的真实名称：青椒（氢）、大海（氦）、鲤鱼（锂）、皮带（铍）、大鹏（硼）、碳（碳）、蛋（氮）、羊（氧）、斧子（氟）、奶（氖）、蜡烛（钠）、美国（镁）、绿巨人（铝）、乌龟（硅）、铃铛（磷）。

练习3

请将下列物品进行连接想象。

山+鱼→鱼吃掉了山

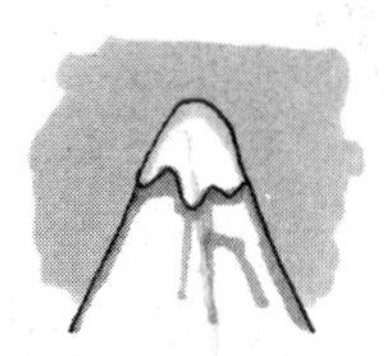

剑 + 纸盒→

火焰 + 露珠→

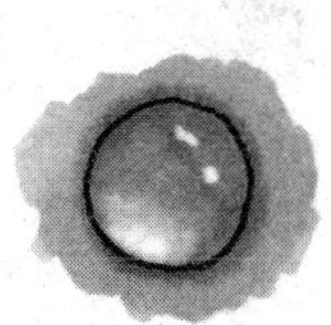

卷纸 + 面条→

木板 + 棉花糖→

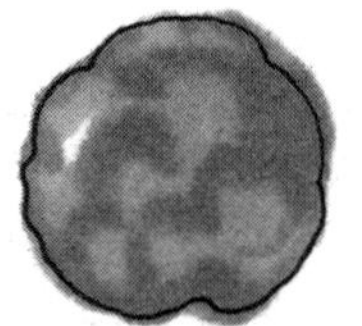

叶子 + 电视机→

练习4

请用提供的数字编码尝试记忆三十六计（数字编码在下一章节中详细讲解）。

第五计：05（灵符）——趁火打劫

连接：贴张灵符施法术就起火了，然后趁机打劫。

第十二计：12（婴儿）——顺手牵羊

连接：一个小婴儿牵走了羊。

第三十一计：31（鲨鱼）——美人计

连接：____________________

第二十五计：25（二胡）——偷梁换柱

连接：____________________

第十五计：15（衣服）——调虎离山

连接：____________________

第十八计：18（牙刷）——擒贼擒王

连接：______________________________

第二十六计：26（二轮车）——指桑骂槐

连接：______________________________

第三十四计：34（扇子）——苦肉计

连接：______________________________

练习5

综合前面讲过的各种技巧，把下列知识点连接起来。

中国最大的渔场：舟山渔场（将渔场与舟山连接）

转化：渔场→渔场，舟山→很多船

连接：最大的渔场里有很多船。

世界最大的佛像：乐山大佛（将佛像与乐山连接）

转化：佛像→佛像，乐山→快乐的山

连接：一座大佛像到了快乐的山上感到特别快乐，于是身体也变得特别大。

中国的四个直辖市是：北京、天津、上海、重庆（将北京、天津、上海、重庆连接）

转化：北京→烤鸭，天津→包子，上海→东方明珠塔，重庆→麻辣烫

连接：在东方明珠塔上吃麻辣烫和包子，包子里包的是烤鸭。

中国第一座自行设计建造的核电站：秦山核电站

转化：________________________

连接：________________________

世界上距离海洋最远的城市：乌鲁木齐

转化：________________________

连接：________________________

中国的最东端：黑瞎子岛

转化：________________________

连接：________________________

《茶经》的作者：陆羽

转化：________________________________

连接：________________________________

世界最低的盆地：新疆吐鲁番盆地

转化：________________________________

连接：________________________________

中国人口最多的少数民族：壮族

转化：________________________________

连接：________________________________

中国第一个获得奥运会金牌的运动员：许海峰

转化：________________________________

连接：________________________________

中国最深的湖：长白山天池

转化：________________________________

连接：________________________________

第三章

超强记忆法：数字工具+记忆宫殿

数字编码表

我们的生活离得开数字吗？当然不能，东西的价格用数字表示，我们的身份证信息也用数字表示，赛场上的比赛成绩用数字记录，火车运行速度也用数字进行监控，从生活购物到太空火箭发射，人类的文明就是建立在数字这个基础上的。电脑只能识别0和1的二进制数据，但却存储着我们人类文明的所有信息，不但如此，它呈现在我们眼前的还可以是游戏、音乐、电影……毫不夸张地说，离开了数字，人类的文明将不复存在，我们都将倒退回原始人的时代。

这里，我要介绍数字的另外一种用法，用数字来帮助记忆！还记得前面的练习吗？我们把数字转化成具体的物品，尝试记忆了物品的价格、三十六计，现在我们来具体地学习数字的转化。将全部数字转化成具体物品时，就得到了下面的数字编码表：

01 绿叶
02 梨儿
03 大象
（形）
04 零食
05 灵符
06 琉璃
07 凉席
08 泥巴
09 泥鳅
10 蛇
11 筷子
（形）
12 婴儿
13 衣裳
14 钥匙
15 衣服
16 石榴
17 仪器
18 牙刷
19 药酒
20 蜗牛
（形）

21 鳄鱼	22 耳环（形）	23 乔丹	24 盒子
25 二胡	26 二轮	27 耳机	28 爱包
29 暗箭	30 少林	31 鲨鱼	32 伞儿
33 闪闪	34 扇子	35 珊瑚	36 三轮
37 山鸡	38 扫把	39 香蕉	40 司令

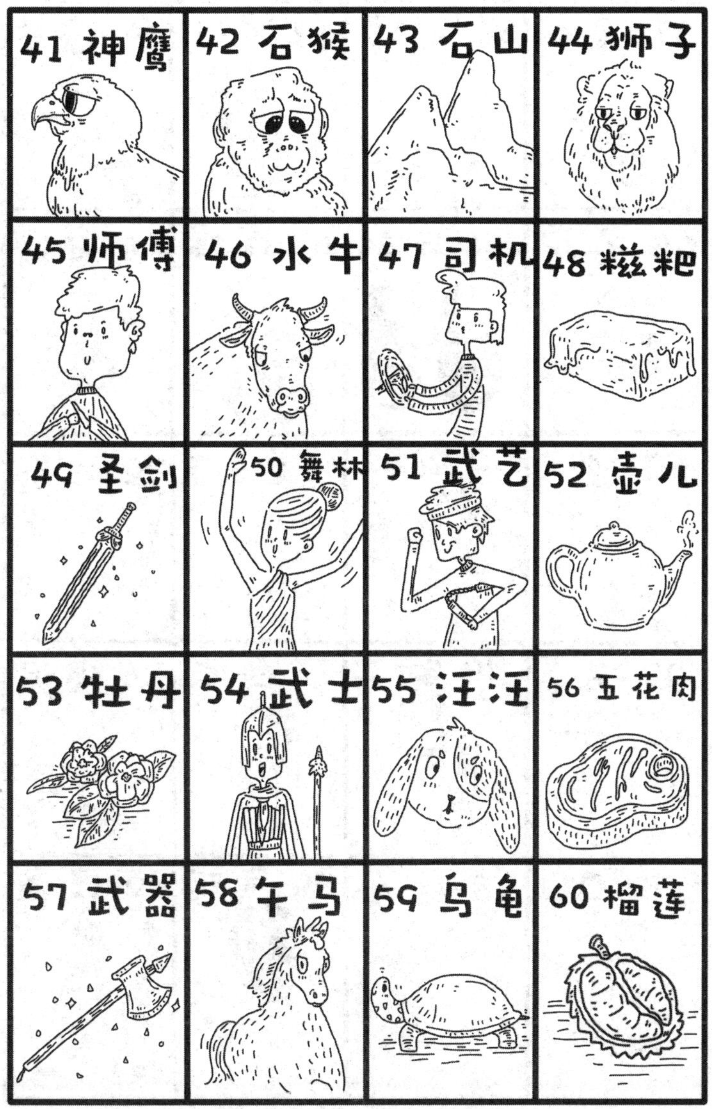
41 神鹰
42 石猴
43 石山
44 狮子
45 师傅
46 水牛
47 司机
48 糍粑
49 圣剑
50 舞林
51 武艺
52 壶儿
53 牡丹
54 武士
55 汪汪
56 五花肉
57 武器
58 午马
59 乌龟
60 榴莲

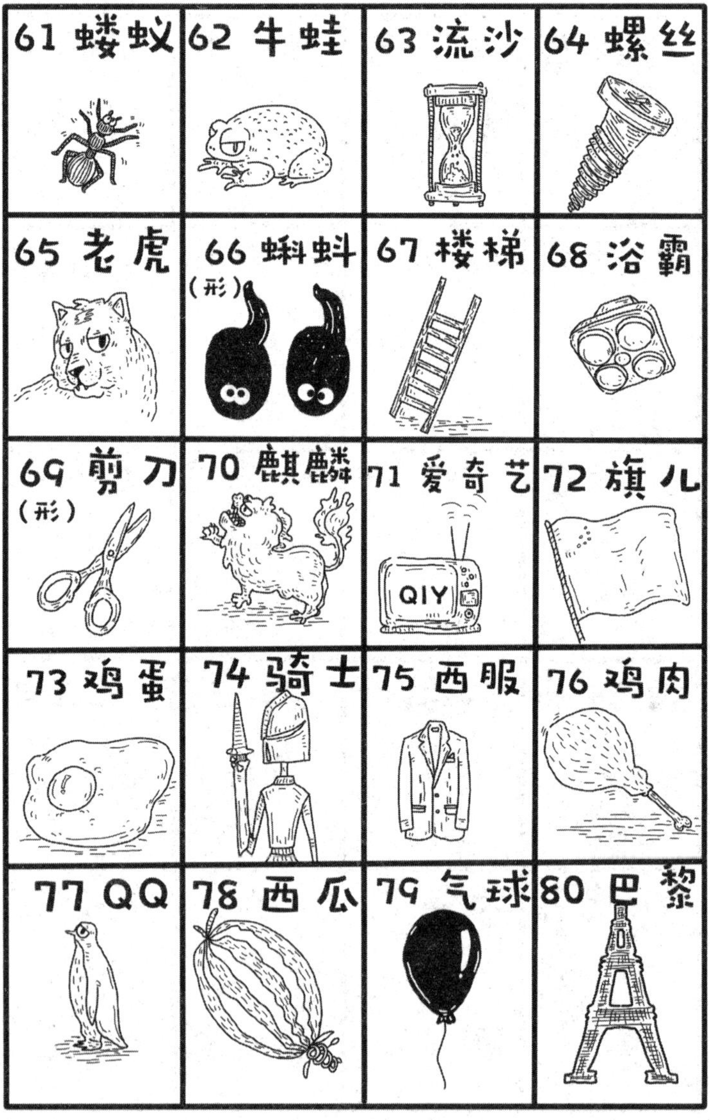

61 蝼蚁	62 牛蛙	63 流沙	64 螺丝
65 老虎	66 蝌蚪（形）	67 楼梯	68 浴霸
69 剪刀（形）	70 麒麟	71 爱奇艺 QIY	72 旗儿
73 鸡蛋	74 骑士	75 西服	76 鸡肉
77 QQ	78 西瓜	79 气球	80 巴黎

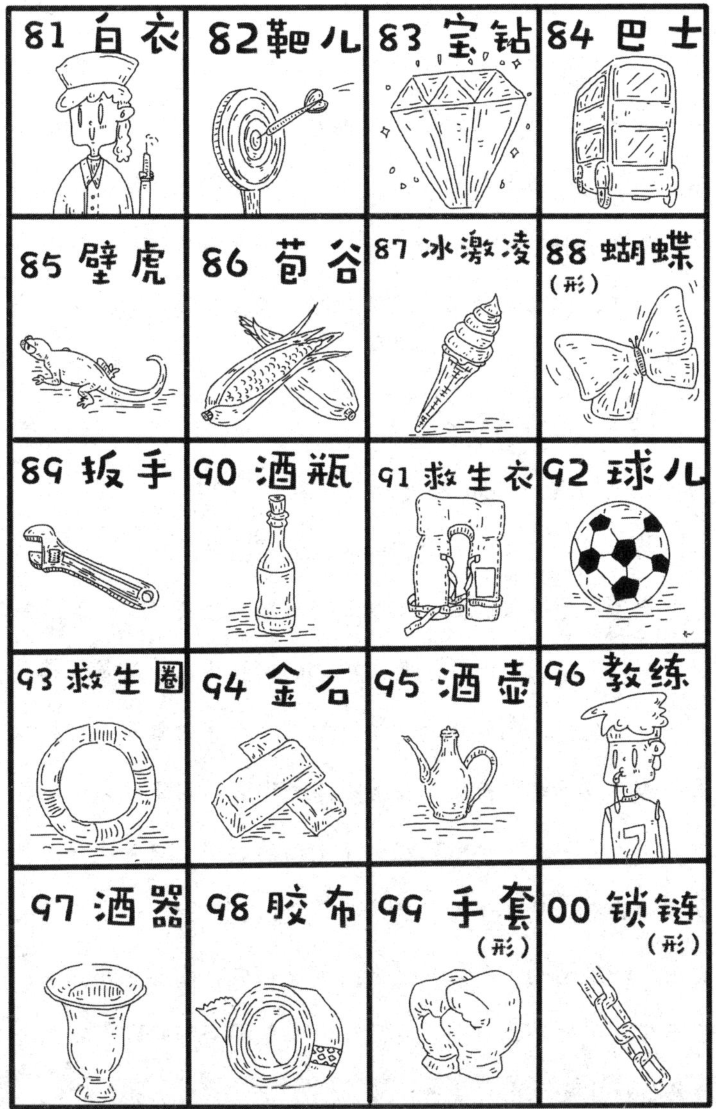
81 白衣
82 靶儿
83 宝钻
84 巴士
85 壁虎
86 苞谷
87 冰激凌
88 蝴蝶
（形）
89 扳手
90 酒瓶
91 救生衣
92 球儿
93 救生圈
94 金石
95 酒壶
96 教练
97 酒器
98 胶布
99 手套
（形）
00 锁链
（形）

如果你熟悉了上面的编码表，那么可以毫不夸张地说，你能运用它轻松记忆两位数的乘法、记住常用的平方根、记住物理化学的常数和元素周期表等一切学习和生活中与数字相关的信息，不但如此，甚至能用数字编码工具记忆诗词、文章等文字信息。

但是，在学习数字工具的时候，通常容易产生以下几点误区，在此一一进行解答。

误区一：有的数字很难记，比如 38为什么是扫把？41为什么是神鹰？比如 38可以谐音成“三八”一个女人，41可以谐音成“司仪”一个主持人，可以换吗？

解答：可以换，数字工具是一种编码的技巧，既然是编码，那就可以因人而异。英文国家的记忆达人一般是三个数字一个编码，他们转化的方法是把三个数字的首写字母提取出来组合成单词，而我们一般是通过谐音和形象的方法来转化。为了统一教学，所以提供了上面的编码，同时这些工具也是用起来比较便于联想的物品，所以推荐大家使用。如果有个别编码总是记不住，那么也可以换成自己喜欢的物品，总而言之，只要把 00 ~ 99 的 100 个数字全部转化成物品并且能快速地反应出来就行。

误区二：数字工具不熟练怎么办？

解答：数字工具是伴随一生的虚拟工具，是高效记忆必须掌握的方法，它和我们刚开始用手机，刚开始用键盘打字是一样的，有一个熟悉的过程，不熟悉只能说明用得少、练得少，当我们熟悉这一套工具以后你就不会觉得麻烦了。这和打字是一个道理，不熟练的时候就没有手写得快，但是熟练以后打字的速度就是手写的数十倍。

误区三：数字工具有没有记忆窍门，有的容易混淆怎么办？

解答：记数字工具也需要灵活，大部分是用谐音和象形来转化的，个别记不住的我们可以前后联系起来记，也可以运用到生活当中进行加深印象，比如家住 23 楼就可以想象家里有乔丹，看到牙刷就可以说 18，坐 58 路公交车可以想象成骑了一匹午马去上学……生活中的教室、楼层、电话、车牌号、快递号、价格、生日等都可以是练习的材料。熟悉数字工具并不需要花额外的时间，在我们休息的时候，坐车的时候，甚至不想说话的时候，都可以在大脑中进行练习。编码中 40- 司令用的是坦克代替，那是因为即使转化为司令，形象也很模糊，所以用形状更为固定的坦克作为编码。17-

仪器、47- 司机等都属于同样的类型。容易混淆的编码我们应该从材质和颜色上注意区别，比如 13 是衣裳，可以想象非常薄，是一件丝织品，比如夏天穿的睡衣；15 是衣服，想象为厚重的军大衣，这样在联想的时候就不容易出错了。

练习1

将下列编码还原成数字。

巴黎-80	西服-75	酒器-	麒麟-
老虎-	蝴蝶-	蛇-	骑士-
白衣-	二轮-	山鸡-	司令-
武士-	鳄鱼-	五花肉-	苞谷-
大象-	灵符-	婴儿-	西瓜-
师傅-	宝钻-	壁虎-	武器-
狮子-	水牛-	石猴-	少林-
珊瑚-	蝼蚁-	武艺-	钥匙-
石榴-	药酒-	壁虎-	扳手-
剪刀-	流沙-	午马-	乌龟-
手套-	老虎-		

练习 2

写出下列数字的编码。

09______ 00______ 01______ 25______ 13______

27______ 44______ 34______ 64______ 84______

80______ 60______ 11______ 67______ 50______

65______ 77______ 24______ 56______ 31______

36______ 33______ 46______ 49______ 59______

89______ 66______ 12______ 88______ 06______

07______ 03______ 95______ 52______ 47______

40______ 30______ 26______ 99______ 98______

14______ 19______

练习 3

在下列数字的上面写出它们的编码。

A：筷子 司令胶布 24 57 13 07 21 79 08 09 14

B：37 28 45 68 91 02 89 31 73 66 30 00 49

C：86 53 51 41 49 03 62 97 17 05 74 55 04

D：89 69 67 42 04 65 64 89 75 29 58 43 02

休息休息，三角形君如何通过迷宫跳进洞里？

练习4

把下列故事中提到的编码翻译成数字，并按照顺序写出来。

一个鸡蛋打到了少林小和尚的头上，和尚很生气就扔飞镖，飞镖射到了西瓜上，西瓜炸出一只石猴，石猴骑着马就跑，结果撞到了一辆公交车上，开公交车的是一位护士，护士掏出一个石榴问你吃不吃，你说不吃，结果就被她用气球吊了起来，一直飞啊飞，飞到了巴黎铁塔上……

回答：73、30、82、________________________

____

早上看到师父在打拳，突然来了武艺高强的李小龙，两人正要打起来的时候来了只狮子，狮子嘴里还长着坦克的大炮，你用剪刀修剪它的鬃毛驯服了它，把剪刀扔进了药酒瓶里，药酒瓶碎了出来一条蛇，用石头砸它，砸一下它就吐出一根金条，你用胶布把金条缠了一圈又一圈，大象来了把金条用鼻子卷起就跑了……

回答：________________________________

____

用筷子夹鲨鱼喂婴儿，婴儿不吃跑去找小狗，小狗在用爪子挠乌龟，乌龟壳里滚出来一颗玻璃球，咬了一下玻璃球居然是榴莲味的，肚子痛，于是就拿起酒器喝酒，喝醉了乱踢酒瓶，然后跳到河里游泳忘带救生圈，路人扔下救生圈你却向路人扔斧子，上岸以后晒太阳吃西瓜，西瓜里有糍粑，听到音乐起来和舞林高手一起跳舞，旁边有很多蝌蚪在伴舞……

回答：____

____

练习5

怎么样？对数字工具熟悉一点了吗？现在我们来结合前面学过的内容练习一下，将下面的数字进行联想编成一个故事，想象你是一位优秀又充满幽默感的导演，你会怎么编？建议在编完故事以后马上在纸上试着默写一下，相信你一定能写出这些数字！

00 12 65 6 48 03 34 32 10 2 88

故事：____

____

09 87 4 50 16 21 20 50 7 99 4 02 51 36 58 4 81

故事：____

____

03 01 23 91 18 08 68 17 43 39 54 01 5 09 10 87 55 04 14 09 23

故事：____________________________________

____

72 83 79 05 73 58 84 60 97 01 83 51 26 24 36 86 77 04 48 80 91 53

故事：____________________________________

____

练习6（适合5年级以上的同学）

尝试运用数字编码记忆历史事件，在记忆完成以后建议挡住左边的年代，看能否根据数字编码的故事回忆起来。

1492年　哥伦布远航到达美洲

编码和转化：14→钥匙，92→球儿，美洲→印第安人

联想：哥伦布刚到美洲的时候用一把金钥匙打开了一个藏了很多球儿的地方，于是印第安人都会踢足球。

（注意：不少同学容易犯的错误是把“哥伦布”作为关键词进行记忆，这是可以的，但是直接用哥伦布并不好，如

果你听过哥伦布竖鸡蛋的故事，你可以把哥伦布转化成鸡蛋来记忆，或是转化成哥哥，直接记哥伦布会导致记不住关键信息，从而忘记人物名称。）

1069年　王安石变法

编码和转化：10→蛇，69→剪刀，王安石→石头

联想：蛇吞了石头，然后用剪刀剪开蛇。

1912年　中华民国成立

编码和转化：____________________

联想：____________________

1979年　中美建交

编码和转化：____________________

联想：____________________

1839年　林则徐虎门销烟

编码和转化：____________________

联想：____________________

1921年　中国共产党成立

编码和转化：________________________________

联想：____________________________________

1804年　拿破仑称帝，法兰西第一帝国开始

编码和转化：________________________________

联想：____________________________________

1662年　郑成功收复台湾

编码和转化：________________________________

联想：____________________________________

618年　唐朝建立，隋朝灭亡

编码和转化：________________________________

联想：____________________________________

数字编码的运用是一个长期熟练的过程，当它变成存在你大脑中的有利武器之后，相信你不会惧怕任何和数字相关的记忆，在同学眼中，你一定就是“最强大脑”！

记忆宫殿（建议初中以上的同学必须掌握）

还记得第一章中的挑战10吗？我们用方位感记忆了 20 个成语，认真完成的同学可以尝试现在是否还能想起那些词语？你是不是还有印象？太神奇了！经过了这么长的时间，中途我们并没有复习，却依然能记住大部分内容，这就是记忆宫殿的厉害之处，它是最系统、最可靠、存储量最大的记忆绝招。

闭着眼睛，你能分清自己家物品摆放的位置吗？鞋柜在哪儿？电视在哪儿？餐桌和沙发又在哪儿？相信你一定非常清楚，记忆宫殿就是利用了这样的方位感来帮助我们记忆信息，是一种把空间变成记忆工具的超级记忆方法，由于我们每个人家里的摆设都不一样，所以请把下面这幅图当作自己的家，记住我们选出的参照物，这些被选出的参照物也叫作

“地点桩”。

1. 门　2. 芭蕉叶　3. 楼梯　4. 木条隔墙　5. 电视机
6. 音响　7. 单人沙发　8. 茶几　9. 台灯　10. 背景墙

记住上面的10个地点桩了吗？请注意，这10个地点桩不是东一下西一下挑选出来的，而是按生活习惯，回到家后先进门，再经过餐桌……最后坐在沙发上的顺序来选择的，记住这个顺序，我们以后用它们来记其他东西就要依靠这个顺序来回忆，所以不能随心所欲改变顺序哦！接下来让我们尝试用这个小小的记忆宫殿记20个生活用品。给出的20个生活用品是随意想出的，并没有为了方便联想而特意设计。现在，开动想象力，运用前面所学到的一切方法，自己先尝试把两个物品按顺序连接在一个地点桩上，这样10个地点桩就记住了20个物品。需要记忆的20个物品为：

方便面　鸡蛋　树　手机　熊猫　饼干　手枪
塑料袋　火锅　拖把　可乐　帽子　灯泡　打火机
巧克力　袜子　金条　蝴蝶　毛衣　萝卜

怎么样？记住了吗？现在我们参考下面的插图来记忆：

联想：门夹住方便面，方便面里挤出一个鸡蛋。

联想：芭蕉叶里长出大树，树上结满了手机。

联想：熊猫坐在楼梯上，饼干砸到了熊猫。

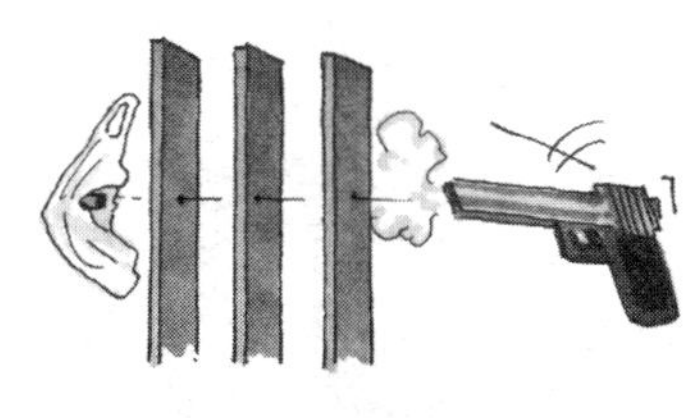

联想：手枪射击木条隔墙，子弹居然被塑料袋接住。

联想：火锅泼向电视机，然后用拖把打扫。

联想：音响里喷出可乐，用帽子接可乐。

联想：单人沙发长出灯泡，打火机把灯泡烤爆了。

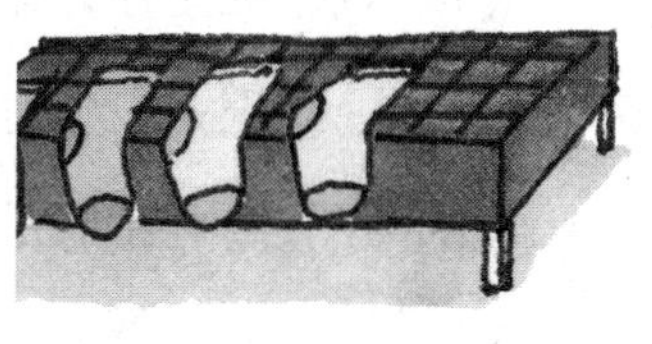

联想：茶几是用巧克力做的，在上面晾袜子。

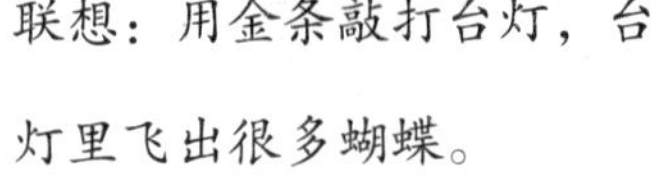
联想：用金条敲打台灯，台灯里飞出很多蝴蝶。

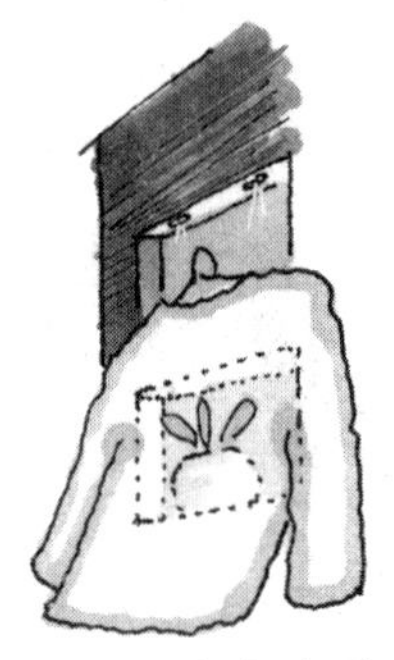

联想：将毛衣挂在背景墙上，掀开毛衣后面长了萝卜。

遮住上面的文字，请按顺序回忆出20个物品：

1.________ 2.________ 3.________ 4.________

5.________ 6.________ 7. ________ 8.________

9. ________ 10.________ 11.________ 12.________

13.________ 14.________ 15. ________ 16.________

17.________ 18.________ 19.________ 20.________

除了客厅，无论什么样的房间我们都能做成记忆宫殿，厨房、卧室、甚至是卫生间。那么如何搭建自己的记忆宫殿呢？建造记忆宫殿有如下几个步骤：

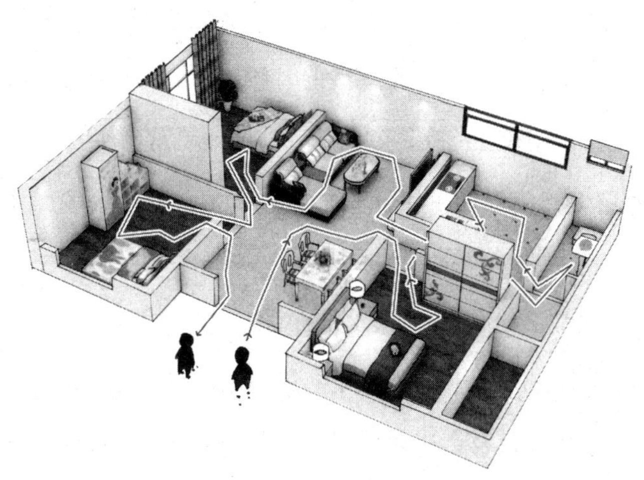

1.回想自己生活中最熟悉的空间，决定用哪个空间来做记忆宫殿。

2.按照自己的生活习惯，在房间里按顺时针或者逆时针扫视一下房间里摆设的物品来选择参照物（地点桩），建议一套记忆宫殿选择26个地点桩，因为在世界脑力锦标赛中用这样的一个宫殿刚好可以记完一副扑克牌（除大、小王外剩下的52张）。

3.地点桩不一定都在一个房间，可以进入客厅再走入卧室，选好以后再走进浴室等，凑齐26个地点桩以后，要求能毫无差错地按顺序将地点桩在脑中回忆出来。建议同学们默写出来，正背无差错以后再尝试倒背。

记忆宫殿借助的是我们生活中“熟悉的空间感+具体实物的体征”，在打造记忆宫殿的时候选择地点桩是非常关键的问题，如果地点桩选得比较好，那么记忆效果也会好；如果地点桩的位置选得比较凌乱，那么记忆效果也会截然相反。选择地点桩要注意下面几点：

1.经常移动的物品不宜做地点桩，比如小狗、小猫、遥控器、烟灰缸等，位置不确定会造成记忆错乱。

2.一个记忆宫殿里尽可能避免将相似度高的物品作为地点桩，比如餐椅有4把，把4把椅子做成4个地点桩，这样会产生记忆混淆。门、灯、书柜等也是一样，尽量避免重复。

3.可能刚开始要选出26个地点桩你会花费很长时间，但熟练以后你会发现很多东西都能作为地点桩。请注意观察房间物品的摆设，壁画、电脑、键盘、垃圾桶、空调、花盆、鱼缸、窗帘、笔筒、浴缸、马桶、洗手台、镜子、洗衣机、冰箱、燃气灶等都可以作为地点桩，但是不能把整个房间作为一个地点桩，这样记起来会很模糊。

4.地点桩之间的距离不要太跳跃，站在地点桩A的地方能看到地点桩B是最好的，距离忽远忽近会增加大脑记忆时疲劳的感觉。

按照上面的要求打造好一个记忆宫殿以后，就能开始任何记忆挑战了，相信看过江苏卫视“最强大脑”的同学都被节目中选手神乎其神的记忆表演震撼到了。其实，他们挑战的很多项目，都需要用到记忆宫殿的技巧，而通过训练以后，你也能成为最强大脑！

使用记忆宫殿的困惑

1.用记忆宫殿记过东西以后还能再记别的内容吗？

解答：一个记忆宫殿是远远不够的，需要根据你的记忆量，准备多个记忆宫殿。建议准备10个记忆宫殿，并且还可以搭配使用。能记住多少东西完全取决于宫殿的大小，一个不够用的时候，可以用两个宫殿组合起来使用。经常要用的内容，比如元素周期表、常用单词等，可以专门用一个宫殿只记这些内容，而其他短期或者中期需要用到的内容，可以用任意宫殿记忆。在不进行任何复习的情况下，记忆宫殿记住的内容也会自然忘记（平均大约两周），这时候再用这个宫殿记新内容就行了。如果上午刚用了这个宫殿记东西，下午又用它记别的内容，那么上午和下午的记忆内容就会相互受到严重干扰。

2.去哪里找这么多记忆宫殿?

解答：只要是熟悉的环境，不管是室内还是室外都可以作为记忆宫殿。比如爷爷奶奶家、外公外婆家、经常去的小伙伴的家、曾经的家、小区、上学的路上、学校、游乐园等。

3.怎么用记忆宫殿进行复习?

解答：记忆宫殿是很好用的复习工具，比如我把教室作为一个宫殿，在投影仪、黑板、教室的走廊上依次放上了一些单词，那么每当我看到黑板的时候，或路过走廊的时候都可以有意识地回忆这个地方放了什么内容，反复几次就能成为长久的记忆，是一套无敌的复习工具。

4.平面的照片能作为记忆宫殿吗?

解答：平面的照片能做记忆工具，但是严格来说不能称为记忆宫殿。比如广场的照片、公园的照片、著名建筑物的照片等，虽然也能找出地点桩进行记忆，但是它并没有方位感的参与。使用照片属于“定桩记忆法”，记忆宫殿也属于“定桩记忆法”，但是使用照片的方法并不是记忆宫殿，它的记忆效果要低于记忆宫殿，包括我们前面学过的插图。

因为书面教学无法代入方位感，所以也只能用照片的形式代替。要真正掌握记忆宫殿，每个同学必须要实际参与，利用自己熟悉的环境进行打造才能体会。（定桩记忆法请参考我的《图解超实用的记忆技巧》一书）

练习1：请在下面图片中找出10个地点桩。

1.______　2.______　3.______　4.______　5.______

6.______　7.______　8.______　9.______　10.______

练习 2：打造三套记忆宫殿。

第一套：你的家 。

1.________　2.________　3.________　4.________

5.________ 6.________ 7.________ 8.________

9.________ 10.________ 11.________ 12.________

13.________ 14.________ 15.________ 16.________

17.________ 18.________ 19.________ 20.________

21.________ 22.________ 23.________ 24.________

25.________ 26.________

第二套：学校。

1.________ 2.________ 3.________ 4.________

5.________ 6.________ 7.________ 8.________

9.________ 10.________ 11.________ 12.________

13.________ 14.________ 15.________ 16.________

17.________ 18.________ 19.________ 20.________

21.________ 22.________ 23.________ 24.________

25.________ 26.________

第三套：从家或小区到学校的路上。

1.________ 2.________ 3.________ 4.________

5.________ 6.________ 7.________ 8.________

9.________ 10.________ 11.________ 12.________

13.________ 14.________ 15.________ 16.________

17.________ 18.________ 19.________ 20.________

21.________ 22.________ 23.________ 24.________

25.________ 26.________

练习3（必须先完成练习2，适合6年级以上的同学）

请用你的家这套记忆宫殿尝试记忆下面40个字母，高度发散，在记的同时请将字母先转化成你认为合适的物品。比如A像金字塔，P想到停车场，R想到拼音“人”，S可以变成超人或是蛇，M可以变成麦当劳或是拼音“妈妈”，Q变成QQ糖，K像一把机枪等。记忆的时候参照本章最开头的举例，一个地点桩连接两个字母，先连接第一个，然后再连接第二个。要有足够的信心，相信你一定能完成！

1.S	2.K	3.A	4.D	5.O	6.Z	7.I	8.T
9.J	10.G	11.E	12.C	13.B	14.X	15.F	16.S
17.W	18.R	19.P	20.G	21.L	22.N	23.T	24.H
25.K	26.L	27.M	28.V	29.Y	30.R	31.Y	32.D
33.Q	34.O	35.H	36.B	37.X	38.G	39.D	40.U

遮住上面的内容，请依次写出记忆的40个字母：

____

____

练习4（必须先完成练习2，适合 5年级以上的同学）

请用学校这套记忆宫殿，记忆下面 20个成语，请注意，每个地点桩只放一个成语。由于成语相似度都非常高，所以在转化的时候应该注意词语之间的区别，抓取“龙”以外的关键字，在记忆的时候如果回忆不起来记忆宫殿的顺序，允许偶尔翻看上一页自己写的答案。

1.卧虎藏龙　2.龙马精神　3.龙争虎斗　4.龙凤呈祥

5.飞龙在天　6.龙飞凤舞　7.画龙点睛　8.龙潭虎穴

9.车水马龙　10.望子成龙　11.鱼跃龙门　12.鱼龙混杂

13.乘龙快婿　14.老态龙钟　15.群龙无首　16.来龙去脉

17.龙头蛇尾　18.降龙伏虎　19.龙生九子　20.龙盘虎踞

遮住上面的内容，请依次写出记忆的20个成语：

练习5（必须先完成练习2，适合6年级以上的同学）

这个练习必须在熟悉上一章“数字编码”的基础上做，

如果你已经非常熟悉数字编码了，那么这个练习对你来说轻而易举，在别人眼里，你俨然已经成为一个超级记忆达人了。请用你的第三套记忆宫殿的前10个地点桩，记忆下面40个无规律的数字。两个数字为一个编码，一个地点桩可以记两个编码，所以10个地点桩能记40个无规律的数字。

1 1 2 1 3 0 1 7 9 0 4 6 5 7

2 9 5 8 2 8 8 8 1 6 3 2 6 5

4 5 9 9 4 7 6 3 1 2 0 0

遮住上面的内容，请依次写出记忆的40个数字：

____

____

____

熟练运用记忆宫殿，举一反三，灵活思考，它一定能成为同学们初、高中学习阶段的学习利器。

休息休息，请找出下面两图中的5处不同之处，答案见下一页。

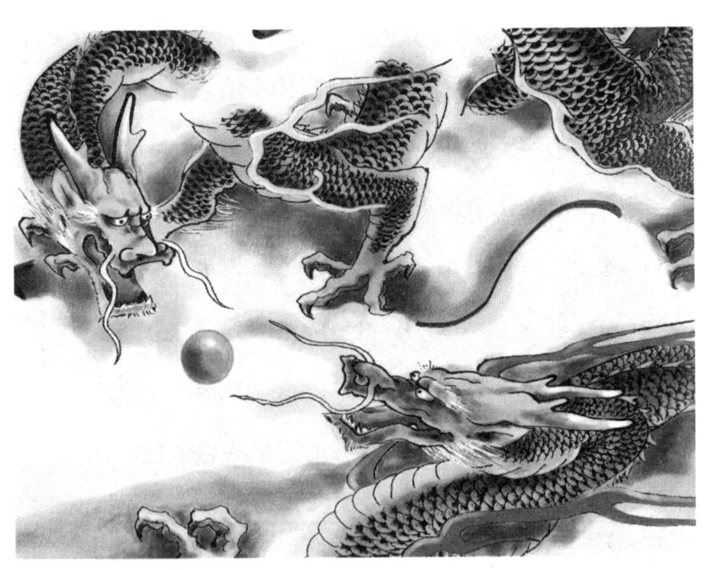

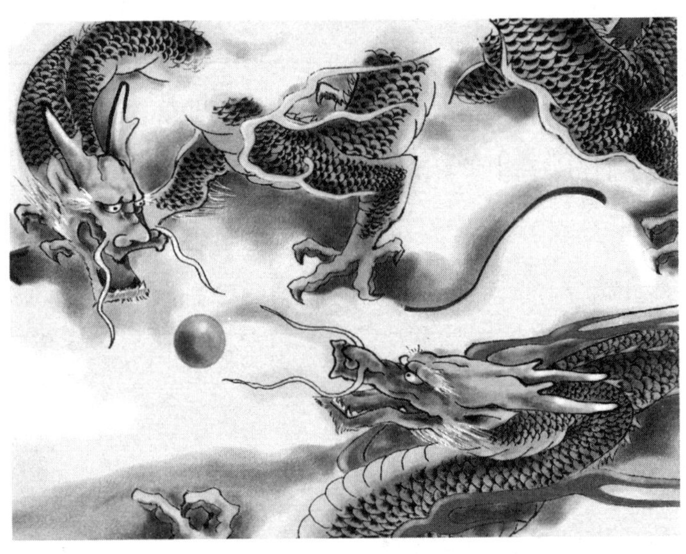

答案：（该图选自吴帝德著《思维导图宝典：好看又好用的导图大全集》）

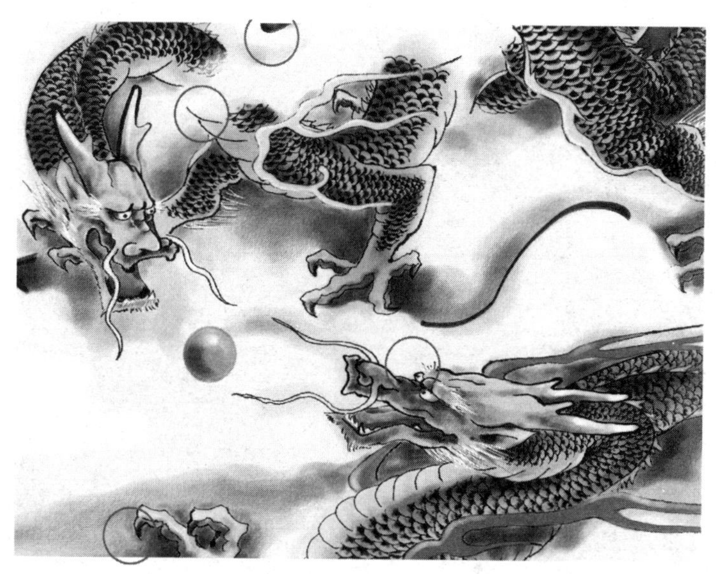

第四章

从记忆高手到学霸

明确目标和选择策略

看到这里，如果你已经学会了前面所教的方法，并认真完成了所有的练习，而且回忆的效果也不错，恭喜你！你已经是一位记忆达人了！如果学校要举办记忆力比赛，相信你一定能拿到很好的成绩！但是，记忆力好并不代表成绩就好，这本书既然是写给中小学生，那么衡量的标准就应该是“成绩 ”！从记忆高手到学霸，两者之间的差异就是背诵的运用。也许你能记住我给出的题目，能按照前面所介绍的转化方法进行联想，但不一定能把课本上的内容进行独立分析、独自完成记忆。所以，这个章节主要引导同学们如何分析、如何转化，如何选择记忆策略，以及如何独自完成记忆，最终达到取得好成绩的目的。

面对课文，很多同学并不清楚要记什么？关键点是什么？以为把内容全部记下来就行了，导致最后费尽力气记住了全部内容，考试的时候却完全想不起，考得一塌糊涂。明确记忆目标是开始记忆前最重要的工作。

同样，还要懂得如何选择记忆策略，我们已经知道记忆的四个步骤分别是发散——转化——动态——连接，也学会了各种方法和技巧，但是面对记忆材料的时候，到底用什么方法记好呢？这难住了很多同学。同样的材料，用数字工具记还是用记忆宫殿记？或是用串联法记？总有一种最优化的记忆方法。明确目标，选好策略，这样才能真正高效地记忆，取得好成绩。

下面举例各类记忆的材料的明确目标和记忆策略的方法：

一、历史人名

1.唐宋八大家是：韩愈、柳宗元、苏洵、苏轼、苏辙、欧阳修、王安石、曾巩。

明确目标：要一起记住的是这 8 个人，而不是分别记每一个人，他们相当于是一个团队，即使记住 7 个错了一个，也会造成答题错误，所以我们记忆的重心应该是把他们 8 个人当成一组信息来记忆。

记忆策略：每个人的名字如果已经比较熟悉，说一个关键字就能说出全名，那么就可以提取一个关键字，然后把8个字串联起来，最后用谐音转化成一句话。如果用数字工具和记忆宫殿，那就是大题小做，浪费了工具。数字工具和记忆宫殿都适合记忆信息量大的知识板块。

2.记忆唐朝皇帝的名字：李渊、李世民、李治、李显、李旦、 武曌（武则天）、李隆基、李亨、李豫、李适、李诵、李纯、李恒、李湛、李昂、李炎、李忱、李漼、李儇、李晔、李柷。

明确目标：要记住的是皇帝的名字，具体哪个字以及先后顺序，比如常常被问到唐朝开国皇帝是谁？最后灭亡的皇帝是谁等。由于唐朝是李氏王朝（除了武则天不姓李），李字不需要记忆，如果带着李字一起转化必然会增加难度，所以要明确，要记的仅仅是李姓后边的渊、世民、治、显、旦、武则天、隆基等名的排序。

记忆策略：名字里有很多抽象的字，只需要将这些字进行转化，再记住排序就可以了。因为皇帝不算太多（一共21个），所以要记忆这样的排序可以用数字工具，当然，为了记得更牢固，也可以使用记忆宫殿，用一个专门的记忆宫殿存放唐朝的信息。（在我的《图解超实用的记忆技巧》一书中用了“图片定桩”的方式记忆，定桩法具体内容的学习可以参照此书。）

二、历史事件

1842年　中英《南京条约》签订

1860年　《北京条约》签订

1895年　中日《马关条约》签订

明确目标：历史事件的记忆并不需要记住每一个字，每一个事件也是独立的信息，我们要做的是把年代和关键字挂钩，联系起来。比如提取关键字，“南京条约”只记“南京”，“北京条约”只记“北京”，“马关条约”只记“马关”。

记忆策略：既然要记具体的年代，那么就要用到数字编码，每一个事件是由三个物品组成的，比如“18”（牙刷）、“42”（石猴）是两个物品，需要和目标“南京”连接，通过转化，“南京”可以变成“蓝鲸”，联想起来是：“用牙刷刷猴子，猴子忍不住痒痒躲到了蓝鲸的身上。”如果你对历史本来已经有了一定的了解，知道这是近代发生的事情，那么你甚至不用记“18”这个信息，信息越简单，画面就越纯粹，越利于记忆。

三、省份轮廓

1.西 藏

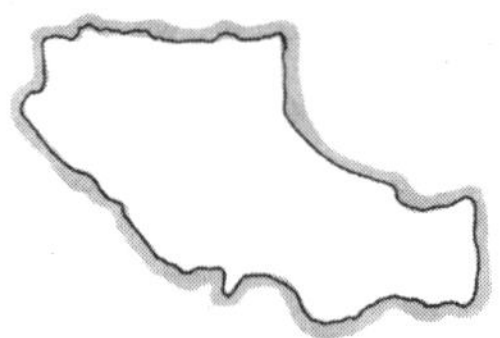
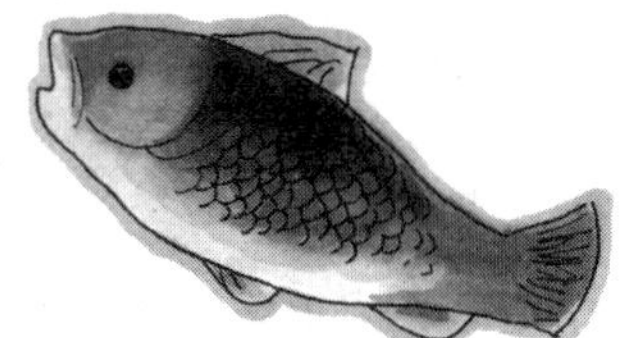

2.云 南

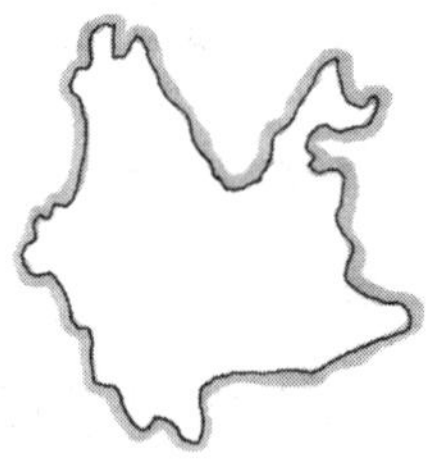

3.海 南

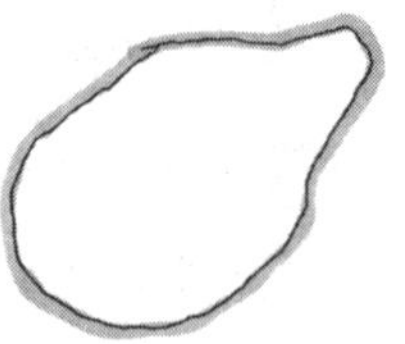

4.四 川

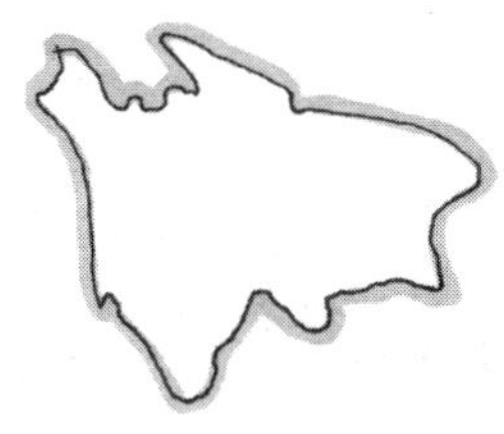

明确目标：我们不必考虑每个图形之间的关系，要记住的是图形的轮廓和这个轮廓对应的省份，把这两个信息连接起来就达到了目的。

记忆策略：我们明确了要将轮廓和省份的名称联系起来，实际操作非常简单。两个信息都需要转化，轮廓需要的是象形转化，比如把西藏的轮廓看成一条鲤鱼，把云南的轮廓看成孔雀等，但是很多同学只做了这一步，忘记了省份也需要转化，因为省份也是抽象的名词。在实际记忆的时候，很多同学会想象：在西藏吃鱼，在云南看孔雀等，这样联想容易产生信息干扰，正确的做法是把西藏转化成雪山、布达拉宫等（有的同学转化成草原，这是不行的，因为草原不是只有西藏才有，内蒙古、新疆也有草原，所以转化的时候要注意信息的唯一性）。联想的时候可以想象在雪山上挖到了鱼。

如果把云南转化成云朵，就可以想象孔雀飞进了云朵，这样一来就不会产生信息干扰了。

四、三十六计

第一计：瞒天过海~第三十六计：走为上计

明确目标：和例一类似，三十六计是一个整体的信息，需要整体记住。但是不一样的是，这36个信息又有顺序，所以需要记住顺序。因此，我们的目标是按顺序记住36个画面，或是物品。

记忆策略：记住36个物品的顺序，信息比较多，那么可以用数字工具和记忆宫殿。如果用数字工具记，回忆的时候可以快速回答出这个计谋是第几计，而不用逐一去数，因此，数字工具更为适合。具体的记忆步骤是，根据自己的知识积累，把计谋转化成故事画面或是物品，然后让数字工具参入其中，前面已经做过类似练习。请注意，用数字工具记住三十六计并不是为了知道哪一计是第几计，这没有意义，真正的意义是在于整体记忆，对知识的整体打捞！我们回答三十六计的时候只需要从数字编码01开始回想，便可以全部说出答案。考试的时候如“草船借箭”不属于三十六计，我们也能马上做出正确回答。

五、化学元素

钠、镁、铝、硅、磷、硫、氯、氩、钾、钙……

明确目标：化学元素周期表有固定的顺序，元素的前后直接决定了它的性质，所以要记住的是它们的名称以及它们之间的前后关系。

记忆策略：由于化学元素周期表是一个庞大的信息量，不仅仅要记给出的元素，还应该把常用的元素全部记下来，再加上元素的质子数直接决定了它排在第几位，所以必须用数字编码记忆，这样 08 就对应 8 号元素，27 就对应 27 号元素，前后关系和原子序数都一目了然。

六、诗词古文

1.《蜀相》中“锦官城外柏森森。映阶碧草自春色，隔叶黄鹂空好音。”下划线部分读起来拗口。

明确目标：整首诗词读起来通畅，但唯独“映阶碧草自春色”这一句读起来拗口，所以整首诗应该单独处理这一句话。

记忆策略：既然读起来拗口，就应该解决发音是否通畅的问题，因此建议用谐音的方法来处理，可以处理为“应急憋着找厕所”，这样转化以后既可以联想到搞笑的画面，从而帮助记忆，又解决了拗口的问题。

2.诗词《春江花月夜》中“鸿雁长飞光不度，鱼龙潜跃水成文。”背到上一句“鸿雁长飞光不度”总是想不起下一句是“鱼龙潜跃水成文。”

明确目标：背到某一句却总是想不起下一句的时候，说明这两句之间的联系不够紧密，需要把两个断开的句子紧密联系到一起。

记忆策略：这种情况通常是整首诗已经能背出十之八九了，所以应该重点处理生疏的语句，“鸿雁长飞光不度，鱼龙潜跃水成文。”这两句连接起来的关键就是上一句的最后一个字（或词）和下一句的第一个字（或词），应该进行连接处理，“度”是抽象词语，因此需要转化，发音非常像“毒”，“鱼”字不用转化，所以想象“池塘里毒死了很多鱼”。通过想象的连接，当再一次背诵到“鸿雁长飞光不度”停顿的时候，想到“度”字便想到“毒”，通过“毒”字自然想到被毒死的“鱼”，所以“鱼龙潜跃水成文”就能背诵出来了。

七、八荣八耻

以**热爱祖国**为荣，以危害祖国为耻；

以**服务人民**为荣，以背离人民为耻；

以**崇尚科学**为荣，以愚昧无知为耻；

以**辛勤劳动**为荣，以好逸恶劳为耻；

以**团结互助**为荣，以损人利己为耻；

以**诚实守信**为荣，以见利忘义为耻；

以**遵纪守法**为荣，以违法乱纪为耻；

以**艰苦奋斗**为荣，以骄奢淫逸为耻。

明确目标：八荣八耻是一个整体的知识板块，答题的时候按顺序一条条地答出来才能得到满分，所以既要记住内容，又要记住八行之间的先后顺序。但是通过熟读和观察我们发现，内容都是套用了固定的格式，“以……为荣，以……为耻。”所以真正需要记忆的，其实是黑色和灰色字体部分，但是黑色字体和灰色字体都是反义词，所以只要记住黑色字体部分就可以推理出灰色字体的部分，最终明确，只需要记住黑色字体以及先后顺序即可。

记忆策略：在明确了记忆目标的前提下，还可以进一步灵活地运用记忆术方法。如果你是一个语文非常好的人，你应该不难发现，“热爱”和“祖国”其实是常用或者说是套用词组，“服务”和“人民”以及下面每一句话的内容都是同样的道理，我们很少说“服务祖国”“艰苦守法”等。所以如果语文很好，记忆甚至可以变成只记忆黑色字体部分了，这样一来，记忆8个词组的先后顺序，方法可以变得非常简单。可以单纯用串联法，也可以用数字编码的方式记忆，比如第一句就是01（绿叶），绿叶和粗体字“热爱”连接，那么可以想象热了用叶子扇一扇；第二句02（梨儿）和“服务”连接，可以想象叫服务员拿个梨来，以此类推，就能有条理并结合逻辑地记住整个内容。

当我们把转化练习得手到擒来的时候，在熟悉几大记忆技巧的基础上，你会发现，其实《最强大脑》电视节目里的大部分挑战，你也能完成。

记忆终极挑战

这一节是用来锻炼大家思考记忆策略以及放松的内容，开动你的大脑并利用前面所学的记忆技巧来完成挑战吧。

挑战1

水果空间位置的记忆。你需要记住水果的空间位置，然后作答。

遮住上面的内容，请回答（不必画图，写出水果的名称即可）。

思路点拨 1：水果和水果之间的区别并不是很明显，建议转化成其他物品进行夸张想象，比如把鸭梨变成一只鸭，排序依然可以用数字工具记忆。

挑战2（适合4年级以上的同学）

似乎每一个名人都有一句名言，请记住下面每个人说了什么话，回答的时候可能让你填人名，也有可能让你回答他所说的话。

时间是一切财富中最宝贵的财富。 ——德奥弗拉斯多

理想是人生的太阳。 ——德莱赛

笨蛋自以为聪明，聪明人才知道自己是笨蛋。

——莎士比亚

个人的智慧只是有限的。——普劳图斯

读书使人心明眼亮。——伏尔泰

文明就是要造成有修养的人。——罗斯金

一个人有无成就，决定于他青年时期是不是有志气。

——谢觉哉

没有加倍的勤奋，就既没有才能，也没有天才。

——门捷列夫

友谊使欢乐倍增，悲痛锐减。——培根

一切知识，只不过是记忆。——培根

天才出于勤奋。——高尔基

乐观的人永葆青春。——拜伦

遮住上面的内容，请回答：

天才出于勤奋。________

理想是人生的太阳。________

________。——拜伦

时间是一切财富中最宝贵的财富。________

笨蛋自以为聪明，聪明人才知道自己是笨蛋。________

读书使人心明眼亮。________________

个人的智慧只是有限的。________________

一个人有无成就，决定于他青年时期是不是有志气。

____

文明就是要造成有修养的人。________________

___________________________________。——门捷列夫

友谊使欢乐倍增，悲痛锐减。

_______________________________________。——培根

思路点拨 2：把说过的话变成一个场景，或是你在对某个同学说，名字用谐音等方式转化，然后将两者紧密联系起来。

挑战3

这是一道挑战注意力和眼力的休闲题目，找到每个图形跳入的洞口。

思路点拨 3：秘诀就是——集中注意力！

挑战4：

记住下面这些人的名字。

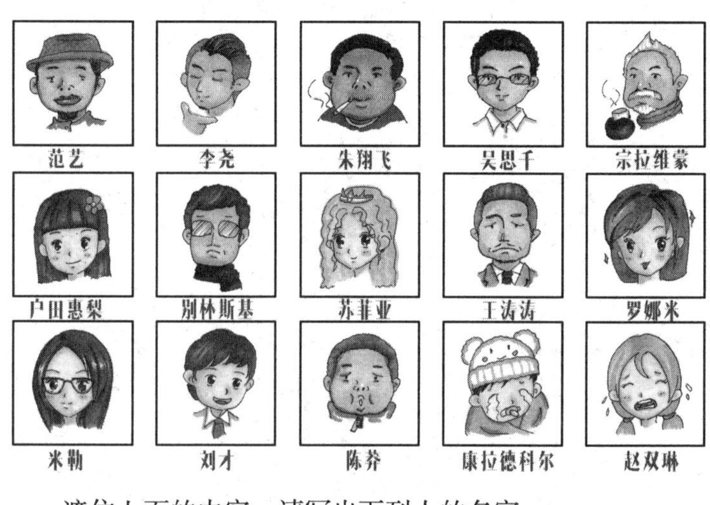

遮住上面的内容，请写出下列人的名字：

思路点拨 4：抓取人物特征是重点，比如戴帽子、鼻子大、耳环、发型等，名字进行转化变成动作、动作和物品的组合等，然后将两者连接起来。

挑战5（适合初中以上的同学）

记忆扑克牌，包括点数和花色。

遮住上面的内容，请依次写出下列扑克牌的点数和花色：

思路点拨 5：扑克牌记忆是世界脑力锦标赛最有趣的项目之一，需要用到编码记忆的方法，花色黑桃、红桃、梅花、方片分别代表 10 位数上的 1、2、3、4，扑克牌点数 A、2、3、4 分别代表数字 1、2、3、4，10 用 0 表示，所以◆ 2=42，♣ 10=30，♠ A=11，花牌再随意另行编码。第一步把扑克牌转化成数字以后，数字就可以用我们熟悉的数字编码进行记忆了。扑克牌的顺序则需要用到记忆宫殿，这便是比赛选手所用的专业记忆方式。

挑战6（适合初二以上的同学）

记忆初、高中学习生涯被戏称“最难记忆”的文言文——《离骚》节选。

帝高阳之苗裔兮，朕皇考曰伯庸。

摄提贞于孟陬兮，惟庚寅吾以降。

皇览揆余初度兮，肇锡余以嘉名。

名余曰正则兮，字余曰灵均。

纷吾既有此内美兮，又重之以修能。

扈江离与辟芷兮，纫秋兰以为佩。

汩余若将不及兮，恐年岁之不吾与。

遮住上面的内容，请默写记忆的内容：

____

____

____

____

思路点拨6：有的文言文读起来并不一定朗朗上口，《离骚》是特别不押韵的类型，要熟读记忆非常难，可以用各种记忆技巧穿插处理，如谐音、关键字串联、编码记忆等。

挑战7（适合5年级以上的同学）

记忆数字0和1的随机排序组合（二进制）。

010011010011101101010110010001010111010110010001
01101111001010100111010101

遮住上面的内容，请依次写出记忆的内容：

____

____

思路点拨7：二进制数字记忆也是世界脑力锦标赛项目之一，需要高度的注意力，记忆选手往往写错或写漏一个数字，后面就全部错误。记忆方法是用专门的二进制编码转化方法，000=0，001=1，010=2，011=3，100=4，101=5，110=6，111=7，三个一组，6个二进制数字变成一个两位数的数字，然后再用数字编码进行记忆。记忆大量的数字则需要用到记忆宫殿。

挑战8

记忆下面的文字麻将。

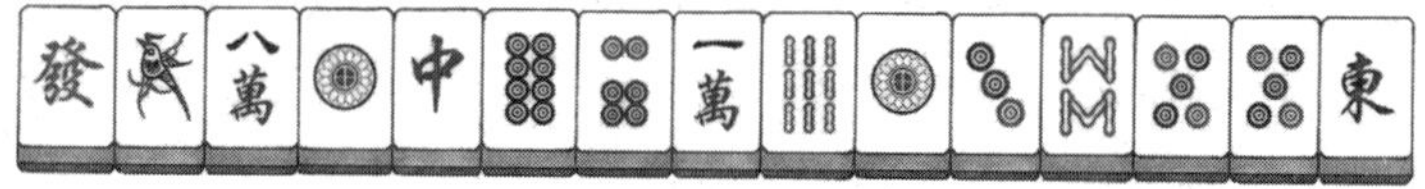

遮住上面的内容，请依次写出记忆的文字麻将：

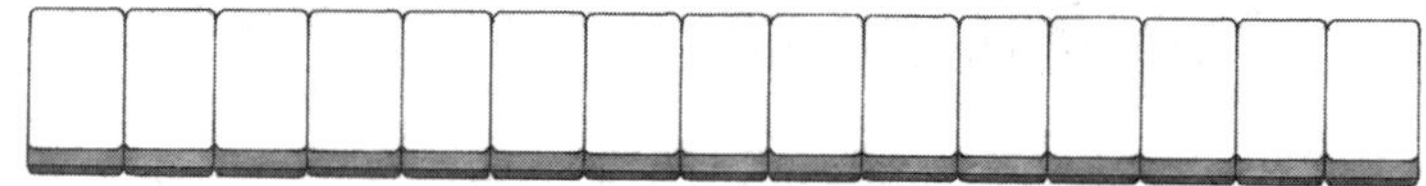

思路点拨8：比起前面8个挑战，这是一个相对简单的题目。只需要将汉字转化成实际的物品，然后用记忆宫殿或是数字编码记忆即可。

休息休息，在保证速度和正确率的前提下，相邻的数字加起来等于10的请画线标注出来。

如：2847564731109328716091 0

注意力训练

2 6 6 8 2 7 2 2 3 1 4 7 6 2 3 6 4 2 1 8 2 2 8 1

1 7 8 3 7 2 8 3 2 1 8 9 5 6 1 1 0 1 8 4 3 1 1 1

8 7 3 7 7 1 7 6 0 5 5 8 5 2 1 8 4 6 1 3 8 5 2 7

5 4 5 5 9 7 5 6 3 4 4 9 3 5 3 2 8 8 5 2 2 2 6 4

7 6 3 5 2 1 2 7 1 3 4 8 5 3 9 3 2 2 1 6 1 6 2 8

8 2 4 9 8 4 5 5 7 6 8 8 7 3 7 2 8 7 5 5 2 1 7 3

8 4 4 1 3 3 1 3 1 2 4 0 9 7 7 6 6 1 3 2 7 7 7 2

7 1 1 0 9 8 8 3 0 6 7 2 7 0 6 6 7 8 2 9 1 3 8 9

0 2 5 7 2 6 1 4 2 8 3 3 2 5 4 6 8 1 7 8 6 2 3 0

7 4 3 3 1 8 5 4 6 8 1 3 5 2 3 3 1 5 3 0 8 7 3 6

8 6 8 3 3 5 4 7 0 7 5 7 6 2 9 1 1 6 4 1 7 4 6 2

9 5 7 0 5 8 4 6 8 7 8 4 9 5 6 1 4 2 6 0 1 5 8 1

5 1 4 5 4 8 1 6 3 6 3 8 2 3 3 1 7 2 2 5 3 8 6 16

7 4 2 5 8 1 8 8 0 5 2 0 2 3 6 2 5 2 9 5 1 0 2 7

3 1 4 4 8 3 0 5 3 8 1 3 8 1 1 0 2 3 9 3 2 0 1 3

2 0 1 7 2 0 1 1 0 3 0 8 3 3 1 2 0 1 1 5 2 1 0 2

0 1 9 3 4 1 0 0 1 2 4 2 4 4 9 8 1 0 7 6 3 3 7 3

后记

同学们，当你独自看到这一章的时候，相信你已经尝试了各种记忆方式，完成了各种难度的挑战。我经常对家长说："记忆是一种能力。既然是能力，它就需要长期的训练，就如同游泳一样，之前的状态是不会游，现在会游了，但会游了到变成游泳高手，这之间的距离需要自己付出汗水去不断地练习。"

每个人都希望成为最强大脑，当我们在电视节目中看到选手们展示超强的记忆力时，几乎所有的同学都感觉到"酷"，是"天才"，但我看到的却是选手们幕后的努力。台上几十分钟的挑战，为此他们已经训练了很长的时间。坚持不懈是我们实现任何梦想的基础，是达到目标最基本的要求，也是成功者必须具备的品质。我真诚地希望，每一位即将看完这本书的同学都能成为记忆高手，成为同学眼中的最强大脑。即使你在学习或生活中并没有太多的考试，没有太频繁地用到所学的记忆技巧，但我也同样希望，这本书的练习让你有了全脑思考的灵感，让你锻炼了大脑，让你的大脑更加活跃和健康。

成为真正的最强大脑，你仅有一步之遥，这一步便叫作“努力”。坚持用全脑思考的方式去记忆，总有一天，你会发现，你练习记忆力时坚持不懈的品质，终会成就你所有的梦想。

请把你学习这本书后的感想写下来，并通过公众号发给我，分享学习的快乐，让更多人感受记忆的乐趣。